遇见最美传统村落

曹 伟 著

中国建筑工业出版社

图书在版编目（CIP）数据

遇见最美传统村落 / 曹伟著. —北京：中国建筑工业出版社，2022.11（2024.4重印）
ISBN 978-7-112-28235-7

Ⅰ. ①遇… Ⅱ. ①曹… Ⅲ. ①村落—古建筑—研究—中国 Ⅳ. ①TU-092.2

中国版本图书馆CIP数据核字（2022）第240331号

全书分为两篇：第一篇为理论篇，从本体论的角度探究传统村落的本原或基质，借此形成本书的理论支撑架构；第二篇为实证篇，从认识论及个体的知识观的角度选取了14个典型传统村落案例进行分析、鉴赏，进而实证研究。

本书在不失学术严谨性的同时，注重科普语言的表达，图文并茂，言简意赅。本书既是研究中国传统文化、农耕文明、乡村振兴、城乡规划与建筑设计等相关人员的读物，也是城乡规划、建筑学、风景园林学等实践意义较强专业的重要参考书或教材，还可作为大众读物供读者了解传统村落之美。

责任编辑：曹丹丹
版式设计：锋尚设计
责任校对：张惠雯

遇见最美传统村落
曹 伟 著
*
中国建筑工业出版社出版、发行（北京海淀三里河路9号）
各地新华书店、建筑书店经销
北京锋尚制版有限公司制版
建工社（河北）印刷有限公司印刷
*
开本：787毫米×960毫米 1/16 印张：14 字数：209千字
2023年6月第一版 2024年4月第二次印刷
定价：**68.00**元
ISBN 978-7-112-28235-7
（40669）

前言

本书以中国传统文化和文明的保护与传承为初衷，通过实地考察系列典型传统村落，去发现传统村落之美及其历史文化之深邃，探讨了传统村落在保护、开发和利用过程中存在的问题。同时也向公众展示中国传统村落的建筑风格、乡村景观和传统文化的魅力。本书既注重地域文化和特色，又兼顾选取不同历史时期的典型村落，进而探讨传统村落的文明传承及其保护价值。本书倍加关注“两山理论”，黄河流域高质量发展这些乡村振兴、美丽乡村建设的大背景，并以此为理论框架、时代最强音，进而探讨十几年来传统村落保护与发展的出路。

本书由曹伟教授总体组织策划、筛选典型案例、实地调研、数据挖掘及历史资料收集甄别，并负责统稿、修订的工作。各章撰写人如下：第1章，曹伟、李蕾；第2章，曹伟、连冠一；第3章，曹伟、郑文超、李桐；第4章，王跃强、曹伟、李欣原；第5章，李蕾、曹景睿；第6章，姚娟、曹伟、王小德；第7章，靳新磊、曹伟、连冠一；第8章，纪思薇、连冠一、曹景睿；第9章，张万胜、付正超、曹伟；第10章，杨霄、张晨、曹伟；第11章，唐艺文、曹伟；第12章，曹伟、李蕾；第13章，崔世刚、何海涛、崔志磊、曹伟；第14章，唐艺文、曹伟；第15章，李桐、曹伟；第16章，吴佳南、郭亚晖、曹伟；第17章，潘炫谚、潘华、张澄海、曹伟。

本书得到广州大学重大科研项目（YM2020008）、“人文地理与城乡规划”国家一流本科专业建设项目、菏泽学院科研平台（建筑与城乡规划设计研究院）广东省普通高校特色创新项目“陆海统筹下的海岸带空间规划及其生态安全响应机制研究——以粤港澳大湾区为例”（2022KTSCX175）、广州应用科技学院校级重点学科“建筑学”（2022GYKZDXK09）、黄山学院科研课题（2019XKJQ001）、肇庆市哲学社会科学规划项目（23DF-3）联合支持。

目录

实证篇

理论篇

第1章　两山理论：从绿水青山迈向金山银山

1.1 “两山理论”的提出

“两山理论”是在长期实践工作中凝练的智慧，也是科学地结合辩证唯物主义与历史唯物主义来解决实际问题的伟大思想。“两山理论”的萌芽最早出现于1974年，经过不断的实践与深化，最终形成“绿水青山就是金山银山”的生态建设思想。

除了上述的重要论述外，我们还有一些有关生态保护的“金句”：“像保护眼睛一样保护生态环境，像对待生命一样对待生态环境”“生态环境没有替代品，用之不觉，失之难存”“绿水青山就是金山银山”等。这些话反复强调生态保护之重，强调山水林田湖草沙冰是生命共同体，要统筹兼顾、整体施策、多措并举，全方位、全地域、全过程开展生态文明建设等重要创新思想（图1-1、图1-2）。

1.2 “绿水青山”是发展山水林田湖草沙冰的目标愿景

2017年党的十九大报告中提到“绿水青山就是金山银山”，体现了我国经济发展与生态保护协同并进的实际情况，明确指出我国的经济发展是不以消耗自然本底为前提。这一科学理论不仅辩证讨论了我国生态环境与经济发展间的关系，同时加快了我国生态文明建设。我国对于“两山”关系的实践认知大致可划分为

图1-1　生态环境是民生福祉

图1-2　生态环境没有替代品

三个时期，第一个时期是消耗绿水青山的自然本底以换取“金山银山”的经济回报，缺乏保护自然意识，大大破坏了生态环境；第二个时期是想要“金山银山”的同时又想要避免伤害绿水青山，这一时期由于上一时期自然环境保护意识淡薄，使得经济发展与环境恶化之间的矛盾日益加剧，人们开始逐渐重视对自然环境的保护；第三个时期是发现了两者之间的关系，保护绿水青山就是拥有“金山银山”，想拥有“金山银山”就要更加保护绿水青山，形成了一个绿色可持续发展的循环模式，将生态优势进一步扩大为经济优势，打破了经济发展高于一切的传统观念，实现了人与自然和谐统一。

“两山理论”不仅体现的是一种绿色可持续发展理念，同时也是一种绿色幸福观。保护绿水青山获得的不只是经济物质层面的回报，也可以享有良好的自然生态环境以及生态产品，也为子孙后代守住良好的自然生态环境。“绿水青山”是宏观层面上的目标指引，是进行山水林田湖草沙冰一体化治理的生态文明建设的目标愿景（图1-3）。

图1-3　践行“两山理论”，推进山水林田湖草沙冰综合治理

1.3 山水林田湖草沙冰系统的形成

2013年，我国提出“山水林田湖是一个生命共同体”，4年后进一步拓展了这一理念。我国生态文明建设思想博大精深，它不仅科学地阐述了人与自然之间唇齿相生的依存关系，也继承了“以天地万物为一体”的传统儒家思想，既包含对人与自然关系的科学辩证，又蕴含着中国传统的文化内涵，深刻揭示了山水林田湖草沙冰系统对人类健康生存与永续发展的意义。

山水林田湖草沙冰系统是基于我国生态环境日益恶化的大背景所提出的，它作为一个重要的实践抓手推动并促进着我国生态文明建设的进程，打造“山青、水秀、林茂、田丰、湖清、草绿、沙退、冰固”的美丽国家。当前，山、水、林、田、湖、草、沙、冰八个环境要素都面临着威胁，同时各环境要素存在的问题也亟待解决。环境要素中的“山”主要指自然形成的山体，由于人类对矿产资源进行不合理的开采，导致山体塌陷、山体裸露；“水”主要指宏观层面的水资源，由于工厂废水的不合理排放，导致水体污染，影响使用；“林”指由乔灌木构成的森林系统，由于过度砍伐树木，造成地表植物覆盖率低，加剧了土地沙化、水土流失现象；“田”指用于耕作种植的农田，人们通过破田采沙、圈地建房获得利益，这一行为使得农田面积缩小，土地肥力下降，严重制约了种植业的发展；“湖”指四周为土地的广阔水域，近些年来，湖的数量减少，水质遭到污染，呈富营养化，严重影响了水域内水生植物的多样性；“草”指的是由草本植物覆盖的草地、草原、草场，存在植被破坏、草场退化的问题；“沙”指西北的沙漠地区，存在土地沙漠化的问题；“冰”主要指雪域高原的冰川，近年来存在冰川退缩、冻土消融等问题（图1-4）。

1.4 山水林田湖草沙冰系统的实施原则

山水林田湖草沙冰系统的落实不仅要根据我国不同地域下八种环境要素的差

图1-4　山水林田湖草沙冰系统

异因地制宜，同时也要从多维度提出利于该系统落实的相关政策，进而加速山水林田湖草沙冰系统的实现。因此，该系统的实施过程必须遵循以下原则。

1.4.1　发现内在联系，综合治理

山、水、林、田、湖、草、沙、冰八个环境要素并非孤立存在，而是相互依存，具有内在联系的，因此，在对某一部分进行治理时应联系相关环境要素综合考虑，绝不能采用“头痛治头，脚痛医脚”的一刀切治理模式，否则不仅不能达到促进生态文明建设的目的，反而会加剧环境的恶化。

1.4.2　覆盖全国各地，避免遗漏

我国幅员辽阔，各省市下辖县区数量众多，实施山水林田湖草沙冰系统时，不仅要落实各省市的工作，同时也要重视各乡镇、区县的工作，实现全国各区域的全覆盖，避免遗漏。

1.4.3　考虑实际情况，因地制宜

我国南北方、东西部各地区的生态环境以及自然条件都存在巨大差异，因此在推动山水林田湖草沙冰系统落实的过程中，应结合当地的实际情况，既要遵循整体的实施原则，又要做到区域建设的个性化。这样才能达到理想的效果，推动我国生态文明建设的进程。

1.4.4 做好长期准备，坚持不懈

生态文明建设工作不是一蹴而就的，而是需要依靠长期持之以恒的坚持，不断落实山水林田湖草沙冰系统，并结合代表性地区进行实践探究，总结普遍性实施策略，用于指导其他区域的生态文明建设。

1.5 生态文明建设的实践

我国针对山水林田湖草沙冰系统的实践已经获得了一定的成果，并分别针对山、水、林、田、湖、草、沙、冰八种环境要素存在的问题提出了解决策略。山，利用表土回填、覆坑平整技术改善山体坍塌问题；水，通过疏浚河道、水系连通改善水域质量；林，通过退耕还林、人工造林提高区域森林覆盖率；田，提高田地保护意识，在耕种过程中提倡化肥减施、地膜回收，减轻对田地的污染破坏；湖，通过生物膜的吸附和生长去除富营养化水体中的营养盐、浮床净化等专业技术改善湖水水质；草，通过飞播种草、围栏封育来改善地表裸露现象；沙，通过设置沙障，削弱风力对地面的侵蚀，并截留降水，促进沙生植物的生长；冰，通过在冰川表面覆盖反光材料，减少太阳辐射和近地层大气湍流交换对于冰川的影响。

现在进行实践的国家重点生态功能区都具有一定代表性，同时对我国生态文明建设有着重要影响，如祁连山冰川与水源涵养功能区，都具有一定地域代表性，在宏观层面上遵循着山水林田湖草沙冰系统的实践原则，同时也依据地域独特性进行针对性治理。

生态环境系统是一个复杂庞大、各要素相互交织的整体系统，往往牵一发而动全身。尽管人类已经拥有部分改变自然环境的科技力量，但是当自然界对人类毫无节制的掠夺行为进行报复时，人类显得如此渺小而脆弱。因此，坚持人与自然“双中心论”，成为人与自然和谐共处的唯一方式。结合城乡规

划、建筑设计以及环境设计专业，必须始终贯彻生态文明与生态安全至上，践行“绿水青山就是金山银山”的理念，本着设计结合自然规律的原则，从可持续发展的角度着手，将山水林田湖草沙冰一体化治理与人类命运共同体融合发展，方能相得益彰。

第2章　黄河征程：从保卫黄河到推动高质量发展

2.1　黄河历史变迁

2.1.1　黄河颂

"啊！朋友！黄河以它英雄的气魄，出现在亚洲的原野，它表现出我们民族的精神：伟大而又坚强！这里，我们向着黄河，唱着我们的赞歌……"

——《黄河颂》(朗诵词)

一首《黄河大合唱》唱出了我国人民反抗外来侵略的坚定决心以及不怕困难、敢于斗争的民族精神。过去保卫黄河是指反对外来侵略，以"黄河"代指以华北地区为首的每一寸中国领土，要求领土完整，这既是不屈不挠民族意志的体现，也是敢于抗争爱国卫国的表现。

后来，黄河水患对沿岸地区造成了巨大的破坏，成为中华民族首要解决的问题。1946年我国开启了治理黄河、治理水患的新篇章。

2.1.2　黄河流域高质量发展

2021年10月22日，在山东省济南市召开了深入推动黄河流域生态保护和高质量发展座谈会。会议提到："继长江经济带发展战略之后，我们提出黄河流域生态保护和高质量发展战略，国家的'江河战略'就确立起来了。"黄河流域的论题及其重要性2019年已被正式纳入到国家层面上，保护黄河是事关中华民族伟大复兴和永续发展的千秋大计。2019年9月18日，在河南省郑州市召开了黄河流域生态保护和高质量发展座谈会议。会议强调，黄河流域是我国重要的生态屏障和重要的经济地带，是打赢脱贫攻坚战的重要区域，在我国经济社会发展和生态安全方面具有十分重要的地位。黄河流域生态保护和高质量发展，与京津冀协同发展、长江经济带发展、粤港澳大湾区建设、长三角一体化发展一样，是重大国家战略。加强黄河治理保护，推动黄河流域高质量发展，积极支持流域省区打赢脱贫攻坚战，解决好流域人民群众特别是少数民族群众关心的防洪安全、饮水安全、生态安全等问题，对维护社会稳定、促进民族团结具有重要意义。

2.2 发展层面

2.2.1 黄河流域发展战略思考

纵观人类发展历程，以江河为载体的自然生态流域通常孕育独特的地域文化和民俗风情，沿江流域以及河口三角洲既为原始聚落的形成与发展提供载体，亦为后期地域文化的交流与传播奠定基础。当今世界，全球化纵深发展，时空压缩背景下“场”空间逐渐嬗变为“流”空间，各地正通过虹吸效应利用区域（甚至是全球）的资源要素以推动本地的城镇化与经济发展进程，由此形成的经济社会网络持续压迫自然生态网络，成为重构区域空间发展格局的重要驱动力量。黄河流域既缺乏大型的河运功能，又无具备绝对统治力和辐射力的首位城市，自然生态和经济社会流动功能皆处劣势，其区域高质量发展尚需挖掘切入点。

黄河流域具备丰富的地域文化。作为炎黄母亲河，黄河流域分布有马家窑文明、裴李岗文明和大汶口文明等古代文明遗存，夏商周三朝古都在此孕育，后期更是萌生影响深远的孔儒礼教和诗词歌赋文化。文化同样具备流动性，文化靠流动得以永葆活力，历史进程的发展皆与文明的传播和交融有关，例如汉唐盛世和近代发展便是分别吸收了印度佛教文明和西方工业文明的优势。当今世界，城市和区域发展已然进入科技文化等软实力竞争阶段，文化传播通常以人为载体，如何确定与黄河流域高质量发展战略相匹配的文化发展战略，提升流域城市品位，利用人口流动带动文化扩散，增强区域辐射推动经济发展成为重要议题。

黄河流域具备重要的生态功能。物质流动既包括看得见的，也有看不见的。其中，生态系统的物质交换过程即是不可视的流动。黄河从上游、中游到下游分别流经高原、山地、平原和丘陵等多种地貌类型，既承载了上下游之间的生态交互和能量转换过程，同时亦有陆域和海洋间的经济—社会—生态的动态交互耦合过程。所以，黄河流域生态环境极其敏感和脆弱，面临洪涝、污染等诸多生态安全问题，如何确保生态安全的同时，探索出绿色的高质量发展道路是重中之重。

黄河流域人居环境的高质量发展无疑要以生态环境为基础，吴良镛先生提出的人居环境科学包含自然、人类、社会、居住和支撑五大系统，其中自然系统便是发展之根本，人类系统与自然系统交互耦合，文化发展与环境相互塑造。未来，应当在通过科学分析黄河流域生态系统机理、人地耦合过程以及文化扩散机制和模式的基础之上，充分利用文化和生态两大优势，既要守本底、严管控、提韧性、重治理，亦需制定配套的文化政策，提升城市品位，通过文化、环境两大抓手重塑区域发展格局，探索人文、自然高度耦合的绿色崛起道路。

2.2.2 黄河流域治理的新范式

当今城市面临着许多不确定性的挑战，例如，在全世界范围爆发的新冠疫情以及我国南方地区发生的洪涝灾害，这些事件给我国乃至全世界带来了严重的威胁。在这样的背景下，城市的脆弱性愈发地凸显，增强城市的韧性就成为保障国土安全的重大需求。

黄河流域作为绿色基础设施组成的重要部分，在整个区域生态系统中承担着区域生态廊道、防洪排涝的功能，同时也是国家自然生命的支撑系统。需要加强对黄河流域的生态修复与治理，构建一个具有弹性和可持续的发展流域支撑系统来保障黄河流域乃至全国的生态安全。在如今新的不确定挑战下，以往建立在工程基础上的以精准控制为导向的设计范式，往往会导致实际工程在全过程的不确定环境中减弱原有的作用。因此，改变传统工程式的确定控制范式，首先，要结合“基于自然的解决方案，让自然去做工”的概念，将人工环境融入自然生态系统中，把自然界的干扰作为景观设计的一部分，借助科技的力量，让自然本身去做功，从而在自然界的干扰中保持一种动态平衡，提升场地的多样性、稳定性、连通性从而来适应频发的自然灾害。基于自然的解决方案旨在依靠科技力量了解自然，并利用自然应对社会–经济–环境三者耦合的可持续发展的挑战。其次，要对传统的设计范式进行改变：从传统的刚性设计到创造性的韧性设计，从准确的控制到模糊的适应，从静态的均衡到动态的非均衡，从结果导向到过程导向，从秩序到隐秩序，从唯一的空间到演进中的空间，从而达到一种适应性、韧性的循环。同时也要刚性防御与柔性吸收并重；在刚性工程作为保障的前提下，还要结合弹性的设计，刚柔并重；在动态过程学习演进，在做设计的过程中去学习，强调动态调节的过程，是自然做功的核心部分；使用自然生命材料，亲自然设计：谨慎使用传统的工程材料和设计方法，更多去使用自然的材料。与此同时，恢复“自然过程”构建一个韧性过程，还要与黄河流域周边的城市发展结合起来，从宏观上来构建一个韧性的、可持续的、安全的国土空间。河道是生态敏感、脆弱而又具有显著景观价值的重要生态廊道。在进行规划设计时要顺应和尊重河流的自然形态、演变规律，结合工程措施和技术手段，最终达到一个韧性可持续的状态。

2.3 人居文化层面

2.3.1 黄河流域城市的早期园林发展

黄河是华夏文明的发源地，早期的大部分代表性园林也分布于黄河流域。过去黄河的地理环境适宜于植被的生长与人类生产活动的开展，因此，黄河流域的城市也成为中国早期园林的发源地。早期园林大多集中在北京、西安、洛阳、开封等地，其特点主要是规模庞大、气势恢宏。黄河是中华文明的摇篮，洛阳则是这个摇篮的中心。

隋朝时期，大运河的大规模扩修，沟通了南北经济，积极地推动了早期园林的形成，因此这一时期出现了很多优秀的园林作品。西苑，又称东都苑、会通苑。整体布局上沿用了“一池三山”的宫苑模式，以“北海”为中心，海中筑蓬莱、方丈、瀛洲三座岛山。岛山上的道观建筑具有求仙问道的象征意义，苑内筑山理水，诏天下境内所有鸟兽苗木，驿至京师（洛阳）。这些都可以看出早期园林是文学艺术与建筑工程两者的结晶。

盛唐时期，黄河流域作为中国政治、经济和文化中心，也出现了很多优秀的园林，园林兴盛开始成为盛世的标志。华清宫，又称温泉宫。历史上唐玄宗曾长居于此来处理朝政，这里逐渐成为与长安城紧密相连的政治中心。实际上，华清宫可以说是长安城的缩影，它在设计布局上都借鉴了长安城的整体规划。华清宫由宫廷区与苑林区两部分构成，整体呈前宫后苑的格局。宫廷区主要是皇帝饮食起居、接待贵族的场地，该区内的温泉汤池因唐玄宗与杨贵妃的故事而闻名于世。苑林区主要起到屏障作用并且依据不同地貌规划了别具特色的景点，如芙蓉园、粉梅坛等。

清代，黄河沿河城市因战争遭到重创，农业、手工业和商业已经完成了向南方经济重心的转移，南方地区的经济地位已经完全超过北方。在这一背景下，北方开始借鉴南方的造园技术。颐和园是一座自然山水园，主要由一山一湖两部分组成。它是以杭州西湖规划布局为蓝本，两者相似之处在于北有山、堤，中有岛。以仁寿殿为中心的行政区，主要供皇帝处理朝政。颐和园吸取了岭南园林与江南园林的优点，集百家之长并将自然山水画作缩移摹拟到其中，人文情怀在颐和园筑山理水中得到了体现。

纵观古往，黄河作为华夏民族的母亲河，滋养了早期的中国园林。早期园林主要集中在黄河中下游一带，也正是黄河流域这片沃土给早期园林带来了发展。现今黄河的发展也同样吸引着华夏儿女的视线，新的篇章也正在被书写。

2.3.2 黄河流域重要节点传统建筑形制

以黄河为载体的建筑文明是中国北方传统建筑文明的起源，它顺应了历史发展潮流，体现了中华民族传统文化中以人为本、自强不息、多元融合、天人合一的哲学思想。

黄河流域周边建筑形制具有多尺度空间关联性和历史地理依赖性。黄河流域地域性差别大，从青藏高原、黄土高原到华北平原，黄河流经区域具有极大的自然环境差异，草原游牧文化与平原农业文化交叉碰撞，各民族文化丰富多彩。从空间布局来看，黄河流经青海、四川、甘肃、宁夏、内蒙古（河套文化）、陕西（三秦文化）、山西、河南、山东（齐鲁文化）九个地区。

黄河流域的内蒙古段位居黄土高原北端，历史上有许多游牧民族散居于此。明清时期，大量汉人迁入，这得益于黄河冲积所产生的沃土。在相互交融影响后，出现了很多生土民居。它产生于特殊的历史时期与地形条件下，是多文化融合共同应对自然环境的产物（图2-1）。

图2-1 内蒙古生土民居

黄河中游的民居建筑以窑洞为主。该地区大量森林被砍伐，黄河水土流失严重，形成了黄土多、树木少的生态特征。黄土高坡土质细密，人们挖建窑洞居住。根据不同的地形条件分为：下沉式窑洞和独立式窑洞、靠崖式窑洞三种形式（图2-2～图2-4）。

黄河下游的地形地貌和文化习俗潜移默化地改变着当地的建筑风貌。黄河下游的地形地貌主要以平原、丘陵为主，当地居民利用平坦的地形，最大限度地节省了资源，并根据当地的建造经验和风俗习惯造就了各种各样的院落空间布局。

图示以济南市章丘区朱家峪民居为例（图2-5～图2-7）。

纵观黄河流域，上游到中游的聚落呈现出从散居向定居为主、散居为辅的居住形式转变的特征；中游到下游的聚落呈现出从窑洞形式向以四合院为主的院落

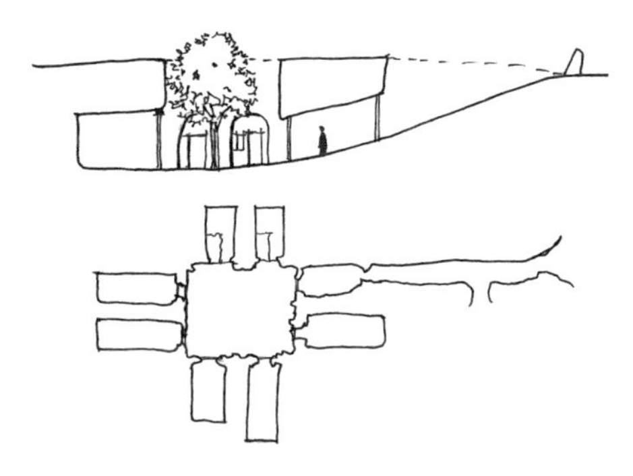

图2-2　下沉式窑洞平、剖面

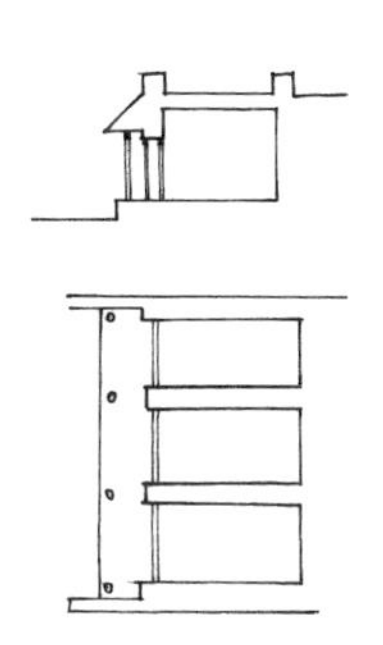

图2-3　独立式窑洞平、剖面

图2-4　靠崖式窑洞

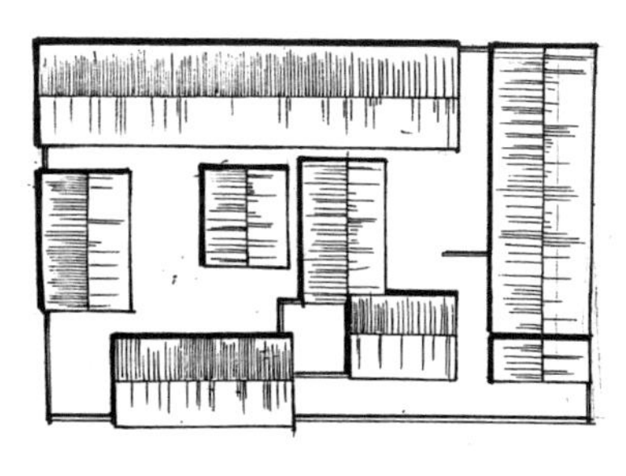

图2-5　朱氏院楼平面

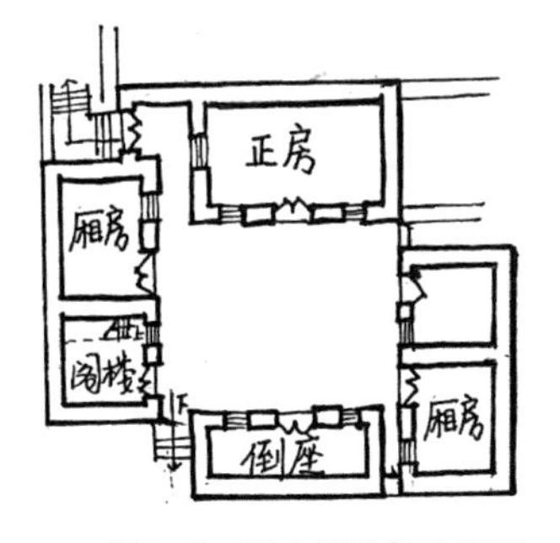

图2-6　进士第私塾院平面

图2-7　进士第私塾院厢房立、剖面

布局形式转变的特征。

黄河流域建筑文化线是时空交织、多层次、多维度的，在这一条主脉线上，见证了不同民族、不同文化的交融与碰撞，体现了因地制宜，与自然和谐共处的可持续发展理念，为后人提供了宝贵的经验，进而将传统建筑理论与现代科学技术相结合，实现了更好的传承、创新和发展。

2.4 生态层面

2.4.1 黄河下游景观生态安全格局

黄河与长江同为中华民族的母亲河，自古便是华夏儿女聚集之地。然近年黄河流域与长江流域区域发展态势差距逐年扩大，究其原因是黄河流域缺少航运的加持。黄河流域生态保护，重在保护，要在治理。通过景观生态学的方法评估，结合3S技术应用，选取景观格局指数，分析区域范围内的景观格局特征，总结下游流域存在的问题。构建景观生态敏感性评价，划分敏感区域，进行分区保护，构建景观生态安全格局模型，对下游地区进行生态空间结构优化，对黄河下游具有景观特色和人文价值区域进行重点打造，实现黄河下游区域人地耦合，创造可持续发展的人居环境。

根据近20年黄河下游河段的卫星遥感数据，运用ENVI与GIS进行数据处理，以此作为数据分析基础，结合收集到的黄河流域下游河段的自然数据与社会发展资料，进行计量分析。

通过对黄河流域下游河段的遥感卫星图像进行整合分析，并结合各时间段内的土地利用情况，建立相对应的评价指标体系。通过获取的数据，计算各指标的安全指数，确立指标的权重。通过建立综合指数法确定的模型，将黄河下游各地段土地生态安全综合指数进行划分，分析不同年份黄河下游各地段生态安全格局演变的情况。根据模型推算出的评价结果，对黄河下游各地区威胁景观生态安全的因子进行分析，主要包括自然因素和社会因素两部分。通过对整个黄河地区下游河段的分析，同时与黄河流域下游子区域河段地区相比较，既掌握了各子区域的景观生态安全之间的差距，又宏观了解了黄河下游河段间的联系。

2.4.2　黄河及支流水系对村落宏观选址的影响

本书研究区域土地辽阔、地势平坦，覆盖20多个县市，散布其中的自然村超过22000多个，广泛分布于小型冲积扇、冲积平原、洼地以及平丘结合处等微地貌之上，彼此之间具有较为明显的区域特征，但仍然有相同的规律可循。水环境对于村落的选址具有十分重要的影响因素，该片区域内无大的湖泊分布，以自然水系和人工修建的水渠为主，同时在黄河故道处散布着不同规模大小的湿地，土地多以旱地为主，水田和少量鱼塘为辅。随着黄河滩区的开发和利用，现在大部分村落由黄河滩区迁出，在黄河大堤上合村并居或是另择基地，村子核心区域为了有效避开黄河汛期的水患而远离黄河，置农田于旧址处，形成了“河—田—居（—田）”的基础分布特征。但是仍有不少遗存村落广泛分布于黄河现行河道两岸并与之紧密联系，村中修筑高台用来避水，农田则置于河对岸或是别处，形成“田—河—居”的分布特征；此外，向陆地深处逐渐蔓延的村落分布在整体空间上则具有随意生长、逐渐背离黄河、靠近公路的基本分布特征，部分靠近流域支流水系或是水渠以满足生活需求，形成了“田—居—田”或“田—塘—居（—田）”的基础分布特征。

2.4.3　黄河及支流水系对村落空间形态的影响

在研究区整体的外部环境影响下，黄河流域中水网的空间布局对道路产生了走向、长度、弯曲程度等多种影响，并综合影响了村落的空间形态。相比于北方山地和丘陵中的村落，因为没有频繁变化的高差和蜿蜒曲折的河道，因此北方平原区域的村落与其宏观水环境要素的影响相对较多地呈现出较为自由关联的特征，存在较多的空间呼应关系。该研究区域中团状村落占据了相当高的比例，结合现场调研情况，可以将研究区域内村落的宏观水环境与村落空间形态之间的关系归结为以下四种：

1．河流（水岸）平行于村

带状村落的长轴方向较多地平行于道路、河道或是水岸，沿着其线性方向进行村落空间的延伸和发展，往往具有较为便利的交通、规整的村落边界形态和紧密的村落内部空间，村落道路笔直且有良好的可达性，多以“村村相连”的乡道串联各个村子。同时，由于该研究区有较多人工修建的笔直水渠，村落的一侧边界受其影响也出现规则的形态，水渠既能满足村民日常取水用水，更能舒缓村落在洪涝季节的排水压力。

2．河流穿村而过

在研究区内，有相当数量的村落依河而建，在数百年发展过程中，趋向水源的生活习惯深深影响着那里村民的日常生产生活等方面。因此，这类村子在空间形态上具有较多的内部特征，以“一字形”“丁字形”“十字形”“网格状”等轴线路网为基本骨架影响整体村落发展。同时由于较为笔直的河道或水渠的线性特征，使得村落内部空间呈现出规整的形态特征，例如山东菏泽市东明县赵盘寨村，就具有“田—路—居—河—田”的整体水适应性特征，村落内部轴线呈“十字形”，路网自由布置。产生这种空间形态的原因是以农业生产为主导的生活方式和满足农田灌溉的需求（图2-8）。

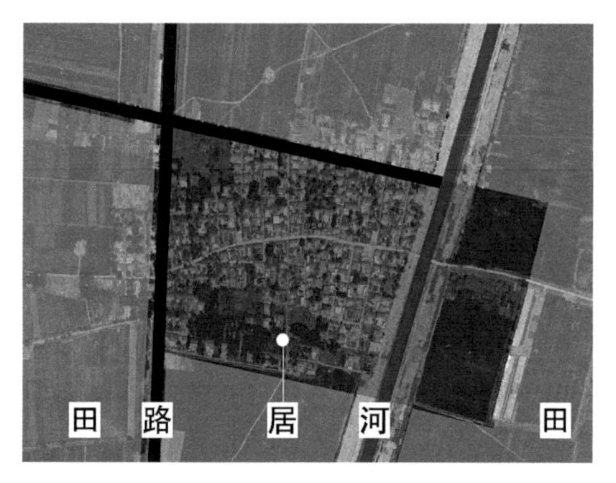

图2-8　山东省菏泽市东明县赵盘寨村“五因子”关系

3．河流环绕村落

在部分洼地地区和黄河故道附近，一些村子修建在水塘一侧，后因常年饱受雨水的侵扰，便组织大量人力物力在村周开挖水塘，将原有水塘或是沟渠连接成片，村落房屋建于环内，形成的环形水系既能蓄水防洪，又可以养殖灌溉，并调节局部村落微气候。具有代表性的村落范例有河南焦作市博爱县寨卜昌村、河南商丘市民权县王岗村和河南商丘市程庄镇楚庄村等。寨卜昌村的名字最早可以溯源到商朝末年，因武王伐纣前请术士通过龟甲占卜得到“昌”的预示并最终大胜商纣王而得名。村落平面呈龟背形状，村周高筑宅墙并修筑环形宅河用来抵御外敌，村落整体呈集中式的团状村落空间形态，村内道路四通八达，呈网格状；王岗村则呈现较为规整的矩形形状，村周通过人工挖掘沟渠与现有水渠相连接，农田则位于河道两侧，使得河道满足了防洪、灌溉等多重生产生活功能，并能够营造良好的水景观（图2-9）。

图2-9　焦作寨卜昌村、商丘楚庄村、商丘王岗村

4．水塘（水田）散布当中

除了以上三种以河流、水渠为主要外部水环境影响的村落空间形态，还有以水塘或是水田为主要影响的类型。在洼地地貌中，有较多的水坑散布在地势平坦的区域，与之相依偎的村落常常与这些分散的水塘相辅相成，村落依靠水塘来满足各项生产、生活需求，而水塘（水田）又可以反过来补偿村落周围的生态环境，达到了“社会—经济—自然”的复合生态系统和谐发展。这类村落常常受到水塘（水田）不规则边界的影响，使得村落空间形态较多地呈现出指状特征，内部轴线较多地呈不规则网格状，内部道路骨架自由生长（表2-1）。

表2-1 研究区村落空间形态与水体关系汇总表

村落与水体的关系	关系图示	村落形态	主要分布区域	典型村落
河流（水岸）平行于村		团状、指状	小型冲积扇平原、大冲积平原	辛店集村（黄河）、丁圪垱村（黄河）、马寨村（黄河）、布山村
		带状		西堡城村（黄河）、前山王村
河流穿村而过		一字形	小型冲积扇平原、大冲积平原、洼地	王堂村
		丁字形		王许庄村
		十字形		赵盘寨村
		网格状		张武庄村
河流环绕于村		团状	洼地、平原与丘陵结合处	寨卜昌村、楚庄村、王岗村
水塘（水田）散布当中		团状、指状	洼地、平原与丘陵结合处	孙楼村、刘庄村、高乡店村、六合集村

2.5 市域层面

2.5.1 黄河流域山东段概况

黄河流域山东段，自菏泽市东明县河段入山东省，经菏泽、济宁、泰安、聊城、济南、德州、滨州、东营入渤海，本节针对山东段的菏泽地区展开研究。

菏泽，菏山之泽，自上古便是九泽之地，是中原地区的水上交通枢纽。而菏泽段的黄河故道位于山东省西南部，黄河的三角地带，自古以来，颇受黄河水患干扰影响。在有文献记载的历史中，黄河大的改道有25次之多。自西汉时期，第一次黄河大迁徙流经菏泽始，至清咸丰年间，波及菏泽段的有12次。清咸丰年间，铜瓦厢决口改道，黄河不再夺淮入海，在菏泽漫流二十余年之久。清光绪年间，山东巡抚丁宝桢修缮河道，形成黄河流域菏泽段现行河道。如今流经菏泽的黄河河道有南宋河道、明清河道等。

目前，山东段仍时时面临黄河水患威胁，尤其是黄河滩区，受影响的民众达60余万。为摆脱水患，山东省启动黄河滩区根除水患的重大拆迁工程——建设防洪村台，即将原本分散居住的房台变成集中居住的村台，打造黄河流域新型农村社区。

2.5.2 黄河下游流域生态保护和高质量发展

首先，结合黄河下游的区域特点，我们必须秉持新发展理念，以地域分异规律为依据，划定和落实生态保护红线，加强黄河沿岸生态安全屏障建设；实施黄河故道湿地保护修复行动。探寻符合以国内大循环为主体、国内国际双循环相互促进的新发展格局的需求，和地方特色新型产业转型发展模式，建构适合地方特色化产业集群，提升产业综合竞争力；探寻打破制约黄河流域协同发展的行政壁垒和体制机制障碍，建立产业转移协作、生态环境协同治理，谋划城镇化、城乡一体化发展模式，寻求基于土地新政的黄河沿岸居民向宜居地迁移路径等方面的创新机制。

其次，针对黄河下游鲁西南地区人居环境的研究在自然环境及人文环境两方面获得了初步成果。自然环境方面表现为在独特的自然环境演变过程中形成的，分布在平坦微伏的黄河冲积平原上的花城、水邑、林海、故道、堌堆区域自然景观。人文环境方面，表现为因特有的地理位置、社会历史发展进程而形成的中华文明的源头积淀下的东西南北中多元区域人文景观；海岱文化（东夷文化）、中原文化、黄河文化、秦淮文化的包容性和交汇耦合形成了鲁西南文化，其中水浒文化、牡丹文化是区域独特文化表达。研究发现，鲁西南地区具有独特的乡村性，表现出独特的乡村景观。通过纵深方向形成机制研究，初步得出形成原因，并力求将提炼出来的黄河下游鲁西南地区的乡村性和区域自然人文景观特征，通

图2-10　菏泽东明县黄河段旧村台（张世富摄）

图2-11　菏泽东明县黄河段旧村台（张世富摄）

过景观生态理念下的城乡规划设计，将其应用表达到该区域城乡建设的具体项目上，使该区域建设成为可持续发展的宜人宜居环境。

最后，针对黄河下游分别进行生态环境与城乡聚落的纵向研究及人文环境等相关方面的横向研究，希望从微观的视角研究城乡人居环境优化路径，为黄河下游城乡一体化发展和美丽城乡营建起到一定的理论指导（图2-10、图2-11）。

2.5.3　黄河影响下的菏泽市发展变迁

黄河对菏泽地区的影响自1855年的改道开始，黄河初行山东，无完整河道，无固定河形，到处泛滥。它不是不决，只是漫决，菏泽地区的曹县、单县、定陶、成武、郓城、巨野均受到了漫流影响。因此，基于此视角，对黄河与菏泽堌堆的形成和废弃的关系，黄河对城市水域景观格局的影响进行研究。

第一，黄河与菏泽堌堆的形成和废弃的关系。菏泽原系天然古泽，济水所汇，并有大（巨）野泽、雷泽等水域。这一带之所以形成一个个高大的堌堆居住遗址，多达112处，90%集中在菏泽地区的中部（曹县、单县、定陶、巨野、成武、东明等），除了与当时沼泽、土冈故地貌有关外，也是汛期泽水横溢、黄河主流多次在这一地区流经的结果。菏泽地区这一平原上，为什么会形成一个个高大的堌堆居住遗址，又为何会在同时期废弃呢？这应与当时的地理环境与黄河有着密切的关系。如东明的村台，在与洪水灾害搏斗中，逐渐积累了经验，懂得了将房屋面增高可以避免洪水侵袭的浅显道理。正是由于这样相同的水患因素，才使得这些地域普遍形成堌堆居住遗址，后来由于黄河得以治理，才使堌堆逐渐废弃。

第二，对城市水域景观格局的影响。根据历史文献记载，古菏泽市境内是个巨大低洼沼泽水域，逐渐形成了“四泽十水”水系。汉以后，由于黄河的泛淤，“四泽十水”陆续淤浅；金以后，黄河长期泛淹菏泽之境，境内平均被黄河泥沙覆盖6～8m，“四泽十水”彻底淤为平地。探研“四泽”的确切方位和“十水”的具体流向尚不易做到。现如今，菏泽市境内流域面积50km^{2}以上的河流有83条，100km^{2}以上的大型河流有42条，其中大型骨干河流有10条，分属赵王河、万福河、东鱼河、太行堤河、黄河故道五大排水系统，多为东西流向，河道径流注入南四湖，均属淮河水系。研究黄河对菏泽市域河流的景观廊道、风貌等景观格局的影响，通过水资源优化配置，统筹城乡发展，统筹生活、生产、生态用水、统筹地表、地下等多种水源，提高区域水资源的承载力，支撑经济社会的可持续发展。拓展以黄河为水源的水域生态旅游，如赵王河城市滨水景观旅游、万福河生态旅游、七里河湿地公园、黄河湿地森林公园、黄河故道百年梨园等，对菏泽市未来的经济、生态等可持续发展有重要推动作用。

2.5.4 乡村振兴背景下菏泽市新型农村社区建设

随着我国城市化进程的加快，大量的农村剩余劳动力涌入城市，农村却因为劳动力人口的流失，导致农村“空心村”“空心房”问题突出，并导致农村基层组织活力减弱、经济发展乏力、农村公共服务设施和基础设施不完善、农村人居环境恶化。与此同时，我国存在城市工业用地紧张与农村土地资源的利用效率较低的矛盾，因此，需要寻找一条合适的路径来促进我国城乡的协调发展和提高土地利用效率，新型农村社区建设成为解决这一问题的重要切入点。推动新型农村社区建设，推动城市化进程向农村演进，是统筹城乡发展、解决“三农”问题的关键。

我国首次提出“农村社区”的概念是在2006年党的十六届六中全会上，起步较晚。菏泽市对新型农村社区建设工作进行了很多有益的探索和尝试，提出“分步实施、梯次推进、稳妥有序、滚动发展”的原则，集中打造新型农村社区。具体做法：充分尊重群众意愿，不搞一刀切，采取两层带院模式、“3+1”联排式底层住宅、“6+1”单元式多层住宅等不同模式，实施统一规划。按照国土空间规划总体布局，坚持市级统筹、县镇为主、乡村实施的原则，加快编制农村社区建设统一规划，实现村级规划全覆盖。

新型社区建设的难点之一是产业问题，必须做到新型社区建设与产业发展同步规划设计，同步组织实施，大力推进一、二、三产业深度融合，积极发展高新技术产业，实现村民就近就业，共享产业化发展红利。难点之二是村民利益，必须把群众利益放在首位，杜绝损害村民利益和与民争利，实行让利于民。难点之三是资金和组织保障问题，创新融资机制，应多措并举建立融资机制，既要加大政府投入，又要深化政府和社会资本的合作；设立社区委员会和社区发展协调委员会并赋予其一定法律地位，同时以法律法规的形式予以规范和完善组织保障问题。

最后，建议菏泽市新型农村社区建设能因地制宜，积极推进，稳妥实施，以新型农村社区建设为重要抓手，打造乡村振兴齐鲁样板国家综合实验区，为乡村振兴战略的实施贡献菏泽智慧，提供菏泽方案。

2.5.5 千年古村台，今朝幸福居——打造山东菏泽黄河滩区居住文化

村台是黄河滩区人民世居之地，这里承载着他们的希望，也饱含了他们的苦痛。菏泽地区的村台主要是在东明、鄄城、牡丹区、郓城四县区。较为恶劣的自然和社会条件，使当地滩区人民的生活比较困苦。“三年攒钱、三年垫台、三年建房、三年还账”道出了当地人民无尽的辛酸与血泪。其实村台古已有之，是当地人民在同黄河长期的抗争中形成的独特建筑。其典型风格就是房屋建在用土层

层层累积起来的高台上，房前屋后绿树成荫、高低错落、别有一番韵味。这种独特的建筑风格使其成为黄河沿岸一道独特的自然和人文景观。但遗憾的是，这种独特的民居文化不仅没有成为滩区人民摆脱贫困的助力，反而成为他们走向幸福的枷锁。如何利用和发展好村台就成为当地政府和人民急需解决的一个大问题。

山东省委省政府为了解决滩区人民的居住和生活问题，2017年出台了《山东省黄河滩区居民迁建规划》和26个专项方案，花大力气帮助当地群众改善生活条件。如今在党和政府的关怀下，菏泽黄河滩区的大部分人已经乔迁新居，过上了幸福新生活。虽然新居一定程度上保留了传统的居住风格，但比旧屋更加生态宜居。现在干净整洁规整的新村台体现出了当地人民居住生活的巨大改变，成为“三生三美”美丽宜居新农村的生动体现。

村台是一种生活，是一种文化，更是一种情怀。历史悠久的村台文化不能因为建筑的迁建而消失，蕴含着丰富历史文化底蕴的村台文化理应成为当地人民幸福生活发展的一大助力。东营利津县北宋镇“十步一塘、百步一湾”的佟家村是山东黄河滩区发展较为成功的一个典型。这一成功的案例可以为菏泽黄河滩区崛起和发展提供一种具有可行性的路径选择。

因此菏泽可以在文旅融合发展的基础上，紧紧围绕高质量发展黄河流域和生态保护的思路，着眼于解决黄河滩区进一步发展中遇到的规划、安全、资金、技术和人员等问题，并通过采取加强顶层设计、增强多方合作、深挖文化内涵、聚焦文化创意优势、推进产业深度融合、发展智慧旅游、创新营销宣传手段等一系列的措施，共同推进菏泽黄河滩区居住文化保护和开发，让村台不仅成为当地人民幸福生活的新居所，也成为他们文化记忆中美好的一部分。

第3章　走向未来：传统村落的保护与出路

“乡村的生活模式和文化传承从更深的层次上代表了中国的历史传统。”

——梁漱溟

3.1　何为传统村落

五千年的农耕文化使得村落成为中国人精神本质与气质的承载者与呈现者，同时保留了独特的民俗文化、历史与记忆。从原始社会起，村落就是一个或者多个聚落形成的群体，这个群体选择有利的客观环境，缔结共同的精神。（图3-1、图3-2）。

传统村落，是指形成时间较早，具有较为丰富的物质文化遗产和非物质文化

图3-1　婺源篁岭风景区

图3-2　宏村乐叙堂

遗产，在历史、文化、科学、艺术、社会、经济等方面具有一定的价值村落。通常从两个方面进行认定，第一，现存传统建筑具有一定的历史，文物保护单位等级达到标准，且传统建筑的规模、布局、建筑造型、建筑构架、装饰、材料以及与周边环境的完整性保存相对完好，具有一定的美学艺术价值，同时传统建筑是对传统技艺的传承；第二，村落的选址布局以及村落与周边环境关系等方面可以代表地域文化、民族特征或特定历史时期的典型特征，具有一定的价值，并承载了一定的非物质文化遗产。

3.2 国内外发展动态

传统村落近年来一直是人们关注的热点话题，知网上关于传统村落的文章多达13000余篇，自2012年起，关于传统村落的文章数量开始剧增，且每年都在持续增长（图3-3）；近五年研究传统村落的学科主要有建筑科学与工程、考古、旅游、农业经济、文化等（图3-4）；关于传统村落的研究主题非常丰富，在笔者《传统村落》一书中，对2020年以前的传统村落研究主题进行了详细的梳理，本书在此基础上进行补充梳理，并制作了热点主题词云图，主要集中在传统村落保护、乡村振兴、村落空间、村落景观、古建筑保护等几个方面（图3-5、图3-6）。

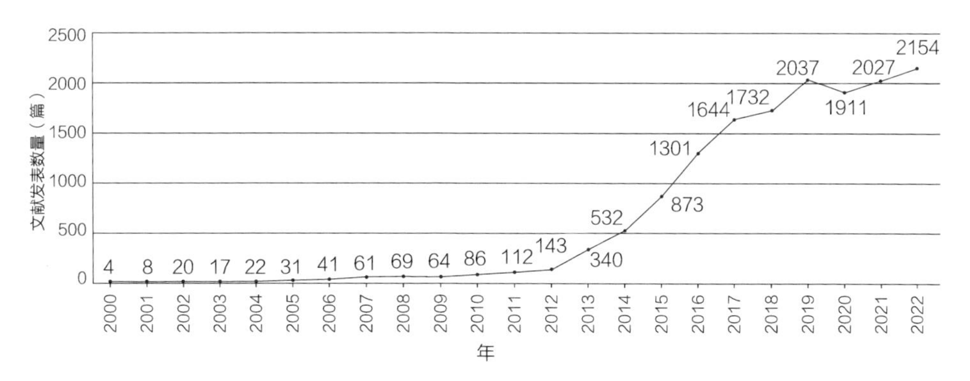

图3-3 传统村落文献发表趋势

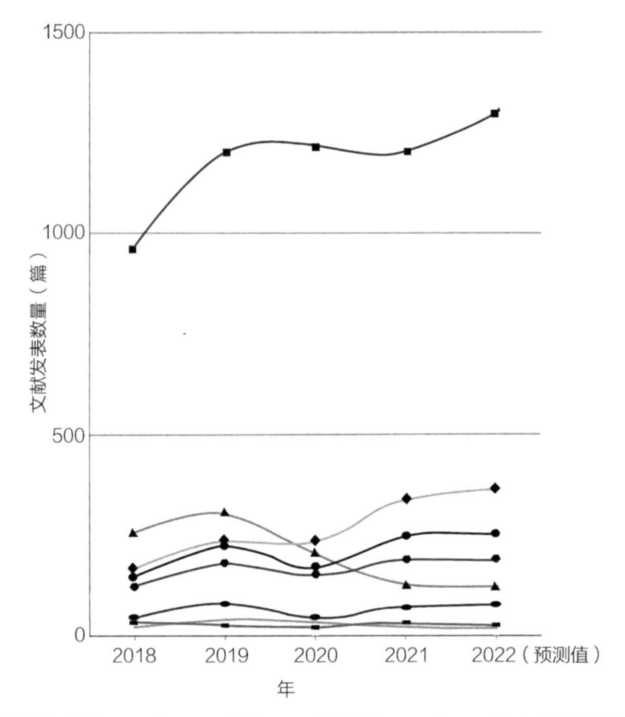

图3-4　近五年研究传统村落的主要学科

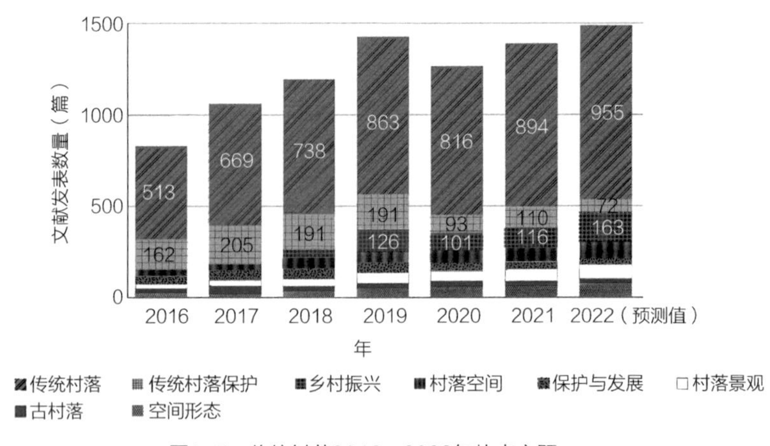

图3-5　传统村落2016～2022年热点主题

图3-6　传统村落热点词云图

20世纪30年代，营造学社成立，对我国古建筑的保护起了至关重要的作用，学者们得到大量珍贵的古建筑实测资料，开始了对古建筑保护的实践。2003—2012年，相继出台了许多条例文件，为传统村落的保护提供了参考与标准：2003年在已有的历史文化名城的基础上，首次公布历史文化名镇和名村，这是村落保护首次上升至国家层面；2005年《历史文化名城保护规划规范》将反映历史风貌的村镇划入历史文化名城的保护内容；2008年《历史文化名城名镇名村保护条例》规范了历史文化名城名镇名村的申请及审核标准、保护规划、保护措施与社会责任认定等；2008年《村庄整治技术规范》在要求中涉及了历史文化遗产保护与乡土风貌特色保护；2009年《关于开展全国特色景观旅游名镇（村）示范工作的通知》让人们更加关注村镇特色景观资源；2012年《关于加强传统村落保护发展工作的指导意见》则更加明晰了传统村落保护与发展的基本原则、任务和目标，使人们更加意识到了传统村落保护开发管理工作的重大意义和必要性。

2012年，国家正式启动了对全国范围内传统村落的普查，编撰了《中国传统村落名录》并公布，将人们关注的焦点从“城镇化”转向了承载中国五千年文化传承的“古村落”。截止到2021年，住房和城乡建设部等部门共公示了五批入选中国传统村落名录的名单（2012年646个、2013年915个、2014年994个、2016年1598个、2019年2666个，共计6819个），每年呈上升趋势，相应地，规划管理部门也做了不同层次的保护和发展规划。

传统村落作为活在当下的历史遗产，具有极高的研究价值。早在1840年前后，国外就已经开始了对古建筑的保护工作，制定了保护条例与措施。1840年，法国颁布了《历史性建筑法案》，这是世界上第一部关于文物保护的法律；1887年，法国颁布了《纪念物保护法》，再次明确了历史文物建筑的保护标准与保护范围；1898年，霍华德在其著作《明日，一条通向真正改革的和平道路》中，针对现代城市面临的种种问题，提出了“田园城市”构想，使得人们将目光聚焦到了风景优美的乡村；1906年，法国颁布了《历史文物建筑及具有艺术价值的自然景区保护法》，将古树名木、瀑布等具有人文价值和艺术价值的自然景观也纳入到保护范围中；1930年，法国颁布了《风景名胜地保护法》，在对风景名胜地下定义时，风景优美、人文价值高的村落和城镇也包含在其中；1932年，英国颁布了《城市规划法》，这是英国第一部包含乡村规划的法律文件，英国的乡村规划从此纳入规范；随后几十年时间，意大利、瑞士、德国等国家也相继出台了乡村保护、规划方面的一系列法律法规；1962年，法国又颁布了《马尔罗法》，法案中提出了“区域保护”的概念，首次将历史遗产的保护范围扩大到整个城市街区；1964年，《国际古迹保护与修复宪章》首次提到村落的保护“不仅包含个别的建筑作品，而且包含能够见证某种文明、某种有意义的发展或某种历史事件的城市或乡村环境”。从最初的针对“单体建筑博物馆式”的保护模式到对“有价值的建筑和地区”的保护模式，再到1976年《内罗毕建议》提出“整体性”原则，即对每个历史地区及周边地区进行整体性的考虑，这是整个人类社会对历史遗产从局部到整体、从物质价值认知到文化价值认知的进步。

相比而言，我国的村落保护起步较晚，而且面临多方面的问题：缺乏部门联动保护，缺乏对古建筑产权的明晰，缺乏对古村落的有效保护，缺乏对古村落的经费扶持，缺乏对古村落的人文认知与理解。

3.3 传统村落的保护

国际上通常把历史文化遗产分为物质文化遗产和非物质文化遗产。而对于历史文化遗产首先想到的是古建筑遗址、墓穴或是古城镇遗址等物质性的遗址。相对于历史遗迹来说，传统村落是“历史遗存”而非“遗迹、遗址”。传统村落兼具物质性与非物质性，这两种特性在村落中基于同一种“基因”相互融合、相互依存，形成一个复杂而内涵丰富的群体。因此，传统村落的保护是以“原真性”为最初理念与最终理念，保护乡土建筑与历史景观、自然景观的同时，也要保护传统村落的精神文化，保护其“灵魂”（图3-7）。

图3-7 江西婺源

3.3.1 血脉中的传统村落

传统村落保留着人类社会最初的生活单元。从最初一个或者多个群体聚集在某条河流或某座山脚下时，村落开始形成，这时村落中的文化更多是随着人而落于此处，而且这种文化是基于种族血缘，以其独特的应变能力根植于自然环境并蓬勃发展。

相对于传统文化或其他非物质文化遗产而言，传统村落的文化价值更多体现在独特性的价值观念。在传统文化中，耕读文化成为很多知识分子向往的生活，大批文人墨客居住于农村，使得农村文化、艺术也具有了相当的水平，为村落带来了丰富的外界文化与大量的财富。外来文化与本地文化以传统宗族血脉为基础共同构成了村落中的传统文化，而财富使得这些文化能够以物质的形式保留下来。

3.3.2 物质的传统村落

1．传统村落山水格局

道家追求的“天人合一”在传统村落的选址中被用到了极致。如梭庄村（山东省济南市）寨山、雪山、梭山三山围拱如椅，村子位居椅子中央。村前平川似阳台，漯溪穿村形似人体排泄肠道，南山如金梭，村庄又长过南山，形如金梭之盒，村落布局顺应自然（图3-8）。“天人合一”的山水成为村落选址与建设的设计原则，加以对景观植被、山体水流的利用，形成了依山傍水、人文与自然相融合的村落整体面貌。对传统村落山水格局的保护应充分理解中国传统文化中“天人合一”的内涵与追求，以此为传统村落保护的基础，做到充分分析、考虑村落选址与自然环境特征的关系，保证两者的整体性（图3-9）。

2．传统村落建筑保护

乡土在中国人的心目中占据不可替代的位置，乡土情结与村落传统文化更多的是以建筑的形式呈现于世人眼前。在传统建筑中，民间建筑最具鲜明特色，不同地域间、不同民族间的民间建筑存在巨大差异。甚至随着时间的流逝，民间建

图3-8　梭庄村卫星图

图3-9　卢村外水系

图3-10　西递胡文光牌楼

筑往往呈现一种动态的演变过程，不同年代的建筑在同一个建筑群体中各司其职，形成斑驳而丰富的立体画面。因此，对传统村落中历史建筑保护的重点应是活态的保护、适时而定的保护，应分析建筑年代功能特征、建筑间空间逻辑特征、建筑与村落整体关系特征、建筑与周边环境关系特征、建筑构造特征以及其他实物等（图3-10）。

3．传统村落形态保护

作为“历史遗存”的传统村落，其空间形态随时间而变化，体现不同地区、不同年代传统村落的营造方式，呈现一种活态变化的形态，甚至同一地区的不同年代也呈现不同的演变。这种时间与空间上交织的演变形式是传统村落保护的重点与难点。农耕时代的生产、生活方式决定了村落的整体格局与街巷空间尺度以及其他空间形态，在对传统村落形态保护的过程中，对村落的整体格局、街巷尺度、公共空间的保护是重点。当然针对传统村落的形态保护皆要基于现居住于村落内的居民的生活生产方式和文化内涵。

3.3.3 传统村落保护方法

关于传统村落的保护，国内许多学者都提出了行之有效的方法。冯骥才认为，应将某一区域内历史人文上互相依存、传统村落风韵保持较好的古村落群体加以集体保护，并推行古村落保护区，避免标本化和景点化；且对于总体保护情况较差，未能进入《中国传统村落名录》，但村内仍有部分珍贵历史遗存的村落，若历史遗存在原址无法得到妥善保护，可建立露天博物馆，以利集中保护与展示。比如安徽蚌埠的古民居博览园，将附近保护责任划分不明确且亟待保护的民居收集起来，在博览园内重建，建立露天博物馆，既让这些传统民居的建筑形式达到了良好的保存效果，又有科普、供人游览的价值。傅娟等人运用GIS地理信息系统，以广东省广州市增城地区的19个传统村落为研究对象，构建了村落形态属性数据库，在时间跨度和空间跨度两个层面上对区域内传统村落演变进行分析，为中国传统村落的保护提供了参考。周乾松提出了许多保护传统村落的想法，包括设置专门进行传统村落保护的领导团队，完善对传统村落保护的宣传教育工作，设置传统村落名录管理制度，进行分级保护和分类管理，制定政策法规，加强对传统村落的财政预算，开展“村人自保、私保公助”“多样性、社会性、迁移性”保护工作等。郑文武等以“留住乡愁”为切入点，提出通过应用数字化技术建立中国传统村落信息库，以更完善更科学的方法保存古老乡村，同时强调传统村落数字化应注意顶层设计，并开发面向乡愁需求的虚拟旅游服务产品。例如浙江的楠溪江风景名胜区，景区内包含古塔、古桥、古村等众多珍贵的历史遗存，景区内部现已引进了5G+AR等数字化技术，游客只需走到指定体验点，使用小程序识别场景，就可以获得视觉、听觉全方位的沉浸式文旅体验，切身地感受到古村落的魅力。

国外对于传统村落的保护方法也很丰富，法国注重国家审定维修；英国重视民间力量参与，因此在古城保护宣传、推动制度建设等方面，英国的民间团体起到很大作用；日本村落保护很少出现大拆大建现象，大多只是针对个别村落、独立住户进行的小规模改建、修缮。在开发与保护中，日本政府注重开发保护结合，强调民众的参与度及与民众的沟通。比如日本的合掌村，在对村落进行保护开发时，村民的参与度非常高，村民们自发组建了“白川乡合掌村集落自然保护协会”，为村庄的维护和发展出谋划策，并制订了村庄的《景观保护基准》，还将村落中的空屋进行规划设计，使之成为当地展示传统村落民俗风情的民俗博物馆。

3.4 传统村落的出路

“村落的发展是永恒的，它永远处于一个动态的变革之中，这种变革或急或缓，但新与旧、传统与更新、发展与保护的矛盾始终存在于传统村落之中”（吴良镛，1994）。

城镇化是人类社会发展的必然规律，城镇化的过程中，村落空间与农村生活方式必然受到侵袭，农村的衰落是令人惋惜却又不可阻止的趋势。在传统村落的衰落过程中，不仅仅是物质空间上的消失，更多的是代表农耕时代文明的历史、文化、建筑、景观等物质或非物质财富的消失，这对于整个人类文明是难以估量，也难以弥补的损失。

为了保护这些兼具物质性与非物质性，同时又具有活态的特殊遗产，诸多学者、专家和社会团体频频聚集研讨，希望找到一条可以合理活化传统村落的道路，部分地方政府也制定了一系列的开发保护措施，如宏村、西递等一些古村落景区，都是颇具创意的尝试。

2012年启动的中国传统村落调查，是从国家层面上对中国传统村落的筛选与评定，主要从传统建筑、村落选址与规划、文化遗产等方面进行了相对全面、整体的评定。从国家层面入手，自上而下地对传统村落各方面价值的认可，使得传统村落的保护工作可以有效地落到实处，从根本上保证了保护工作的继续。

但是，针对传统村落的保护，政府与专家提出的措施仅仅是第一步，是最基础的层面，对传统村落最有效、最根本的保护方法应该是村民的自觉，让村民明白自己拥有的文化蕴含巨大价值，是独一无二的财富。提高村民的文化自觉性是一个漫长却十分有效的工作。只有他们认同、热爱，并以此为自豪，才能真正参与、投入到传统村落的保护工作中去。

对于传统村落的保护已经从呼吁变为实际行动，大批的学者已经积极投入到传统村落的保护工作中，总结了传统村落发展保护面临的主要矛盾、发展原则等一系列理论，正逐渐将其系统化、科学化，相关政府机构也在努力将其法治化。

目前正处于传统村落保护的关键时期，传统村落的价值已经得到全社会的认识与认可。我国当前正在对传统村落进行系统全面的调查与保护。这是对自身五千年农耕文化的自觉、自行。传统村落的农村文化相对于今天的工业文化、科技文化并非落后，相反，它是一切文化的基石，保护好传统村落就是保护与传承中华文明，保护好先辈留下来最宝贵的财富。

传统村落作为一种不可再生的、蕴含巨大价值的文化与物质资源。对传统村落的保护不仅仅是村落本身的保护，更多是对中华传统文化、中华文明的保护与传承。

实证篇

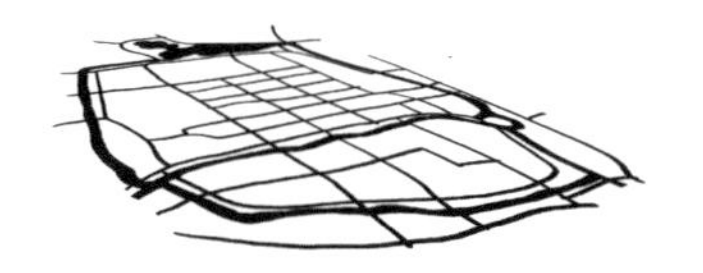

第4章　慈城

浙东明珠　千年古城　慈孝之乡　名士辈出

——江南第一古县城慈城

4.1　引言

慈城是江南地区保存最完整的古县城，2005年被评为中国历史文化名镇。慈城周边的傅家山遗址距今已逾7000年，在慈湖新石器遗址出土了距今约5000年的木屐。慈城作为慈溪县治有1200多年的历史（738—1954年），其建城格局在仿效古都长安的同时，结合江南水乡特色，至今依旧保留着“县治背山面水”“公共建筑左文右武”“一街一河的双棋盘”格局（图4-1）。千年慈城积累了深厚的文化底蕴，拥有各级重点文物保护单位30多处，其中全国重点文物保护单位6处（孔庙、冯岳彩绘台门、布政房、福字门头、冯宅、甲第

图4-1　慈城“一街一河的双棋盘”格局

世家）。千年慈城人才济济，历史上出过5名状元，519名进士，历史名人有三国时期的吴国大儒阚泽、宋代“淳熙四先生”之一的杨简、明代大儒桂彦良等，近代名人有京剧大师周信芳、中国遗传学之父谈家桢、实业家应昌期、金融家秦润卿、学者冯定、书法家钱罕、作家冯骥才、企业家冯根生等。

4.2 村落概况

4.2.1 区位交通

慈城隶属于宁波市江北区，与镇海、余姚、慈溪、鄞州相邻，距宁波市中心约15km，距杭州湾跨海大桥约60km，现已成为连接上海与宁波的高速公路枢纽。慈城是宁波14个中心城镇之一，镇域面积102.57km²，人口规模约5.8万。慈城地处宁绍平原，三面环山，一面临江，地形呈北高南低之势，城北的慈湖为点睛之笔，形成了古县城山水相依、钟灵毓秀的自然环境。智慧的先民在慈城这块“山南水北”“负阴抱阳”的宝地之上筑城建房，繁衍生息。直至今日仍可见慈城龟背状的城区图，象征着一只“神龟”正在汲饮城北慈湖之水（图4-2）。

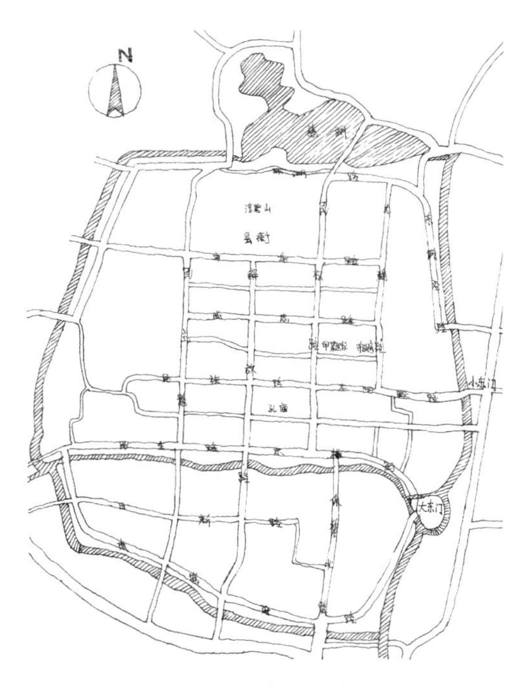

图4-2　慈城龟背状城区图

4.2.2 历史沿革

慈城始建于周元王三年（公园前473年），古称“勾余”“句章”。春秋时期，越王勾践重筑句章城，其城址位于今慈城西南王家坝的城山渡（图4-3）。唐开元二十六年（738年），县令房琯（唐朝名相房玄龄的族孙）于浮碧山以南的现址建慈溪县城，房琯根据当地人董黯（汉朝名儒董仲舒的六世孙）每天来回20多里挑大隐溪水为母亲治疗疾患的慈孝故事，将县城命名为慈溪，作为慈溪县治的“慈城”就此得名。1954年，慈溪县城迁往浒山镇，慈城划归江北区管辖，一直到现在。

图4-3　古句章城遗址

4.3 特色建筑

4.3.1 孔庙

孔庙不仅是祭祀孔子之处，更重要的是作为培育人才、弘扬儒学的场所，因此我国古代各级行政机构都大力兴建孔庙。慈城孔庙最初建于今城隍庙位置，作为当时县学所在地。宋庆历八年（1048年），孔庙迁建至现址（竺巷东路55号）。北宋名相王安石撰写的《慈溪县学记》描述了慈城孔庙的兴建过程以及当时慈城的淳朴民风、“所见其邑之士，亦多美茂之材，易成也”的浓厚学风。

作为浙东地区唯一保存完整的古代县级孔庙，2006年，慈城孔庙被列为全国重点文物保护单位。慈城孔庙采用前文庙后学宫的建筑布局，坐北朝南，气势宏大，虽历经千年的兴毁，至今仍保留清代光绪原貌。慈城孔庙占地约10000m^2，建筑面积约4000m^2，各类房屋共计137间，四周建有红色高墙。其中轴线上布置有棂星门、泮池、跨鳌桥、大成门、大成殿、明伦堂、梯云亭等建筑，轴线左右分别对称建有魁星阁、文昌祠、土地祠、宰牲所、广文祠、崇圣祠、尊经阁、教谕署、忠义孝悌祠、名宦乡贤祠等建筑（图4-4～图4-6）。

图4-4　棂星门

4.3.2　冯岳彩绘台门

古代天子诸侯的宫室起土为台，台上筑屋，此屋门称为台门。后来台门成为达官显贵宅邸大门（或门楼）的专称，通常施以彩绘和透雕，故又称彩绘台门。彩绘台门是宅邸主人社会地位与荣誉的象征，其建造需要经过政府严格的审核，即使有权有钱者也不准随便建造彩绘台门。皇帝可以下令敕封建造台门以褒奖官员，由工部直接委派匠人按照一定的规模及样式来建造。

图4-5　泮池、跨鳌桥与大成门

位于今慈城尚志路完节坊5号的冯岳府第彩绘台门，于1610年由万历皇帝亲赐所建。冯岳为官清正廉明，万历皇帝为了表彰他完节而归，亲赐此宅，并敕造“完节”“惇德”两个牌坊。冯岳彩绘台门风格

图4-6　大成殿

古朴，端庄大气，作为浙东地区保存最好的一处明代台门，2006年被列为全国重点文物保护单位。

冯岳彩绘台门南向五开间，明间三间为大厅，两侧梢间为厢房，通面阔13.16m，进深7.05m。明间入口上方设4个平身科斗拱，柱头采用十字科斗拱，雀替与枫拱采用精巧的透雕作为装饰。梢间厢房之前有八字墙，下设石雕须弥座，中部为斜砌方磨砖，上部有砖雕平身科斗拱。台门木构架上原绘有丹凤、白鹤、牡丹、麒麟等精美图案，由于年代久远，现已脱落（图4-7～图4-9）。

图4-7　冯岳彩绘台门外观

图4-8　明间平身科斗拱

图4-9　木构架及彩绘痕迹

4.3.3　布政房

布政房是明代布政使冯叔吉的宅邸，位于今慈城金家井巷8号，占地面积约10000m^2，建筑面积约2800m^2，是慈城保存较完整的明清古建筑群之一。建筑整体坐北朝南，高墙深院，风格古朴，具有典型的明代建筑风格。布政房大门地袱较高，门前有抱鼓石一对，两旁八字墙采用斜砌方磨砖，下部为石砌须弥座（图4-10）。大门对面有长十余米的一座照壁，照壁上部为斜砌方磨砖，下部为石雕须弥座，造型厚重古朴。布政房院落白墙乌瓦，高低错落有致。中厅为三间两弄，硬山式屋顶，采用抬梁式结构，柱头设置十字科斗拱，其柱子与梁袱用材均较粗壮。厅内为磨砖铺地，厅前天井中置石刻花坛。

图4-10 布政房大门

4.3.4 福字门头

“福字门头”位于今慈城金家井巷7号，因其二门照壁上有一砖刻“福”字，故俗称“福字门头”。该宅原为布政房的一部分，乾隆时期因冯家中落，卖给了慈城应氏。“福字门头”院落保存较完整，总建筑面积1086m^2，为前厅后楼的建筑布局。前厅呈明代建筑风貌，后楼为清初建筑风貌。前厅五开间，面阔18.8m，进深9.9m，采用硬山屋顶。明间为抬梁式结构，蜀柱置于平梁之上，柱头设十字科斗拱（图4-11）。

图4-11 “福字门头”照壁

4.3.5 冯宅

冯宅位于今慈城太阳殿路18号，因入口处有一“禄”字石窗，故俗称“禄字门头”，据考证此宅原是布政房主人冯叔吉之弟冯季兆的旧居。冯宅由大门、倒座、照壁、二门、余屋等组成。大门朝东，有八字封檐墙，墙下部为须弥座，中部磨砖，上部为牡丹、几何纹砖雕，其木构门额上置两朵平身科斗拱。正对大门的照壁亦设须弥座，中间为斜砌方磨砖，左右置两方柱，上部有牡丹砖雕与雕花雀替。二门为砖雕门楼，上端设两朵平身科斗拱。二门院墙下部为卷草纹须弥座，上部砖雕平身科斗拱。院墙与正楼、厢房围合成“三间两弄”的三合院，天井较宽敞，正房一层设檐廊，厢房端头采用四叠马头墙，为典型的“三间两搭厢”式的浙东民居。建筑檐檩无饰，柱础皆为珠式，明间设三重门，门窗皆为小方格式，屋面保留的部分舌形滴水瓦为明代原物（图4-12、图4-13）。

图4-12　冯宅“禄字门头”

图4-13　冯宅三合院

4.3.6　甲第世家

位于今慈城金家井巷6号的“甲第世家”建于明代嘉靖年间，宅主人钱照是嘉靖七年（1528年）的举人，其后代又有数人登第，因此钱氏宅门题匾“甲第世家”，据传原匾额为明代才子文徵明所题。钱氏为慈城望族之一，是吴越王钱镠的后代，明清时钱氏共有8人中进士，26人中举人。

“甲第世家”坐北朝南，宅院包括大门、二门、前厅、后堂及两侧厢房。前厅与后堂两进主体建筑位于中轴线上，前厅为五开间单檐硬山式建筑，面宽17.35m。前厅明间为抬梁式结构，平梁上置蜀柱以支撑脊檩，两童柱骑于五架梁上以支撑平梁。童柱南北两侧分别设劄牵，用于支撑檩条并起到连接作用，增强木框架的整体性与稳定性。前厅次间与梢间采用了抬梁式与穿斗式混合结构，既节省了木料，又可以作为隔墙。檐廊使用方柱，柱头设方坐斗与十字科斗拱。前厅明间设平身科斗拱四朵，次间设两朵，梢间不设，斗拱为一斗三升。后堂为五开间硬山式建筑，左右厢房为重檐阁楼（图4-14～图4-17）。

图4-14 “甲第世家”大门

图4-15 前厅抬梁式结构

图4-16 檐廊方柱及十字科斗拱

图4-17 明间平身科斗拱

4.4 慈城古县城保护建设情况

从2001年起，宁波市加大了慈城古县城的保护力度与范围，先后多次邀请国内知名专家学者为古县城的保护开发出谋划策，积极打造慈城“儒魂商魄”的文化内核与千年古城的历史风韵。到目前为止，宁波市已先后投入数十亿元对慈城古县城进行保护开发，采用保护、改善、改造、保留、更新和整饬等6种方法，恢复了千年慈城“一街一河的双棋盘”街巷格局，修缮和保护了古县城域内约600000m^2古建筑，其中包括40处全国和省级文物保护单位，80处宁波市区级文保点，107处宁波市具有重大价值的历史建筑等。2009年，慈城获得联合国教科文组织亚太地区文化遗产保护荣誉奖。2021年，慈城入选浙江省第一批千年古城复兴试点建设名单，标志着慈城古县城的保护与开发迈入新阶段与新平台。

4.5 特色传统文化与旅游规划

慈城作为千年古城，蕴含了丰富的慈孝文化、科举文化、儒商文化和民俗文化等旅游资源。慈城更是有“中国年糕之乡”的美誉，一年一度的慈城年糕节吸引大量游客前来领略慈城的传统文化。宁波市将年糕产业化作为慈城经济发展的一个支点，特别是将年糕产业发展与古县城保护开发相融合，初步形成了“年糕+文化”“年糕+旅游”“年糕+休闲”的新业态模式与特色区域经济模式。

4.6 结论与展望

中国历史文化名镇慈城在城市和建筑保护方面取得显著成绩的同时，在地域经济发展与旅游开发方面也可以说是独树一帜，究其原因可以归纳为如下几点：①政府相关部门的高度重视，高起点做好慈城古城镇规划；②政府对古城保护与开发提供良好的政策支持与资金投入；③精心保护古城风貌，遵守“修旧如故”的保护原则，最大限度地保护古城镇及建筑的原真性；④充分发掘慈城古镇的历史价值、文化价值与名人价值，提升古镇的文化底蕴与内涵；⑤在科学规划的同时，对古城镇进行有序开发，发展特色旅游与特色经济；⑥统筹规划慈城古镇旅游区与居民社区的关系，协调兼顾古镇居民生活的传统性与现代性，保持慈城古镇的生活气息与活力；⑦开发慈城新城，保障了古镇周边地区人口的正流入，人气的聚集充分带动了慈城古镇经济的良性循环与快速增长。

慈城古镇屹立在浙东大地已逾千年，如今又焕发了新的活力，城市研究者在总结其成功经验的同时，更需要秉持科学严谨的态度，对古城镇的保护开发进行深入细致的研究，继承先人的优秀传统与建造智慧，做好新时代中国城市与建筑文化的历史传承工作。

第5章　竹泉村

诸葛故里　沂蒙竹乡　绕泉而居　砌石为房

——北方难得一见的桃花源式村落竹泉村

5.1　引言

竹泉村，顾名思义，村庄以竹景、泉景取胜。它位于沂南县的北部，由于周边以山地丘陵为主，位置偏僻，因此早期村庄发展十分落后，村民多选择外出打工谋生或者在家务农，收入并不可观，直到2016年临沂市政府开始对沂南县进行整体规划，才得以改善。

竹泉村泉水充沛，溪流随该村地形蜿蜒流淌，石屋建筑周围多植翠竹，竹林因泉水的滋养变得十分茂盛。此外，村内文化历史深厚，民风自然淳朴，村民绕泉而居，砌石为房，其生活习俗无不反映着当地的沂蒙文化与特色。竹泉村的存在满足了人们对美好家园的想象，是中国北方难得一见的桃花源式的村落，2016年该村被正式纳入了“第四批中国传统村落名录”公示名单。

5.2　村落概况

5.2.1　区位交通

竹泉村位于山东省临沂市沂南县铜井镇，身处沂蒙山腹地，周边多为山地丘陵，村庄随周边地形起伏变化，环境适宜，景色优美。其所处的沂南县主要依靠旅游业来带动当地经济。从沂南县的上位规划来看，竹泉村属于旅游区类型中的乡村体验区，与北部的红石寨景区、天然地下画廊景区共同形成了一条紧密联系的特色游览景观带，为当地的发展做出了重要的贡献。

图5-1　竹泉村卫星图

村庄总体占地面积1.2km^2，北临吉利山，中有石龙山，西近香山河，整体上呈山环水抱之势，是我国传统意义上的风水宝地。村内百姓家家植翠竹，户户临清流，居石屋、饮清泉，热情好客，民风淳朴。村庄的人文环境与民俗文化也尽显山东沂蒙特色，不断吸引着游客前来观赏。此外，竹泉村对外交通比较便利，距沂南城区仅12km，距沂南客运中心约15km，东经育才路可达京沪高速，沿西可至沂邳线（图5-1）。

5.2.2　历史沿革

竹泉村，因其村内泉水资源丰富，溪流环绕交织，过去又被称为“泉上庄”。据相关资料记载，其建村历史可追溯至明朝末期，距今已有400多年。当时河南巡抚高明衡的堂兄弟高明寔为求避世之道，在此隐居，其后世族人亦在此生活，此聚居地后逐渐发展，并具村庄的雏形。据《高氏族谱》记载，明清时期，高氏一族已是当地大户之家，其后世子孙人才辈出，为官者居多，此外，族中有两位子孙先后与王府联姻，成为王府仪宾。现今，竹泉村已有400余人，均为汉族，其中以高姓居多，赵姓次之。村庄现存多处古建筑遗址，主要为高明寔所建茅舍及驸马府，现已得到保护修缮并进行了适度的旅游开发，这也为竹泉村增添了几分历史岁月的厚重与沧桑感。

5.3 特色建筑及景观

5.3.1 特色建筑

1. 古戏台

古戏台位于竹泉村福寿广场，宽近8m，戏台为歇山式屋顶，屋顶有一条正脊、四条垂脊及四条戗脊，正脊两端各有一只吻兽，是古时用于防止建筑受潮渗水的构件，也有兴雨防火、祈求平安的美好寓意。此外，在四条戗脊的前端也各有三只脊兽，这些脊兽的形象多来源于我国古代神话故事，皆有兴云布雨、驱除邪祟、保佑平安的寓意。古戏台并非只是一种特色建筑，更是一个对外宣传的文化展台，当地的民间艺术家们多在此表演变脸、柳琴戏等特色节目，人们可以近距离感受到当地的特色文化与风土人情（图5-2）。

2. 关帝庙

关帝，本名关羽，东汉末年名将，被后人尊称为武圣，与文圣孔子齐名。因其忠仁智勇的品质，又被称为“关帝圣君”。据当地记载，竹泉村的关帝庙建于明末，因战乱纷起曾遭到破坏，现在的关帝庙是在旧址上重新修建的。每逢佳节，当地村民及游人多来此进香祈福，祈求平安。关帝庙位于竹泉村的西南部，寺庙入口处有一对石狮子栩栩如生。

庙内呈一进式院落布局，入口处有一面砖石影壁，影壁之上挂有百福图，有祈求吉祥平安之意。石影壁之后是一方形院落，院内石榴树生长茂盛（图5-3）。

3. 梅缘

“梅缘”为竹泉村高姓始祖高明寔隐居避世时所建的住宅，古代文人多欣赏梅花高洁的品格，因此园内多种植红梅。据《高家族谱》记载，高明寔曾在此宴

图5-2　古戏台

图5-3　关帝庙正门

图5-4　梅缘入口

图5-5　守梅馆

请宾客，共赏红梅，也曾在园内竹林效仿王羲之流觞曲水，饮酒作诗。

园内有亭、廊、阁、厅、堂，建筑空间十分丰富，景观造景也别具一格。经正门进入梅缘，可见东侧的守梅馆，其西侧的厢房现已被开发，作为民宿使用。沿着狭窄的小路向园子深处望去，映入眼帘的是一处颇具韵味的叠石水景，池中泉水清澈，满是锦鲤，游人到此顿生豁然开朗之感。此外，梅缘内园林造景也别有洞天，中国传统园林的透景手法也在此得到了体现，守梅亭北侧的景观墙运用花瓶造型进行透景设计，既加强了景观空间层次的景深感，也将平安吉祥的美好寓意赋予到这座生机勃勃的私人宅院中（图5-4～图5-6）。

4．土地庙

土地庙是当地村民供奉的最小的寺庙，主要由砖石搭建而成，与靠地吃饭的村民有着密切的联系。每逢正月初一、十五的时候，当地村民都会前来祭拜，祈求平安（图5-7）。

5．民居建筑

竹泉村本土建筑形式以二合院、三合院为主，墙体建筑材料多为块石，茅草盖顶，地面铺装及院墙都是由不同形状的石块构成，整体给人一种古朴自然的感

图5-6 “宝瓶”透景墙

图5-7 土地庙

觉。竹泉村的石头房具有隔热隔声的优点，建房的主要材料源自当地，因此，石头房成为竹泉村民居的主要形式。如今，随着当地旅游业的不断发展，部分民居建筑作为手工艺坊开始对外开放，形成了诸多体验式的文化馆，如煎饼坊、竹编坊、针线坊，人们在欣赏建筑的同时又可以了解当地的民俗文化（图5-8～图5-10）。

图5-8 民居建筑（一）

图5-9 民居建筑（二）

图5-10　民俗体验馆

5.3.2　特色景观

1. 竹林

竹泉村因泉水资源丰沛，使得竹林愈加葱翠。竹子自古以来备受文人雅士的喜爱，它代表着一种自强不息、坚韧不拔的品质。苏轼曾在诗中写道“宁可食无肉，不可居无竹。无肉令人瘦，无竹令人俗”，可见竹子在古代诗人心中占有重要的地位。竹泉村的竹子种类以淡竹及刚竹为主，多种植于民居建筑之后及道路两旁，村中的建筑及园路都处于竹林林荫的笼罩之下。游人进入村子即可感受到竹林带来的惬意，使人神清气爽（图5-11）。

图5-11　竹林

2．凤凰跌瀑

凤凰跌瀑位于竹泉村的入口处，从当地老人口中得知，以“凤凰跌瀑”命名此处，源自两个典故，其一是在村子建村之际，有凤凰栖居于此；其二是因明末衡王的郡主曾嫁于此地，故以凤凰代指。竹泉村的地势西北高东南低，泉水自西北处的凤凰阁出发蜿蜒流至此地，在山石间流淌飞溅，最后汇入湖中，形成了颇为壮观的三层跌水景观。泉水击打山石的自然之音具有放松身心、缓解压力的功能，因此，游人多喜欢在此停留观赏（图5-12）。

图5-12　凤凰跌瀑

3．竹泉

在村子中心位置有三眼泉水，是村庄的核心景观，当地村民为了保护泉水专门修建了泉池。为了合理使用泉水，在泉池出水口外又专门设置了三层跌水泉池，第一层主要供村民日常饮用，第二层主要是用来洗菜做饭，第三层才能用来洗涤衣物（图5-13～图5-15）。

图5-13　竹泉

图5-14　泉池出水口

图5-15　泉水景观

5.3.3　街道

1．丽水街

走近丽水街，可见一座由竹子制作而成的牌坊，牌坊两侧写着“泉遇有余年，竹生无垢地”，体现了“竹”与“泉”作为当地特色景观所蕴含的美好寓意。丽水街是一条兼具民俗体验及文创功能的特色道路，街道两旁林立着百余户店铺，人们可以在此品尝到当地的特色食物，体验当地的民俗文化（图5-16）。

2．磨盘路

磨盘路上翠竹茂盛，景色优美，泉水时而在道路两旁流淌，时而汇聚至道路中间，形成独特的泉水景观。以磨盘铺就的汀步（踏步）使得这条道路别具一格，吸引诸多游客驻足观赏（图5-17）。

图5-16　丽水街

图5-17　磨盘路

5.4. 特色民俗与人文

5.4.1 特色民俗

1．煎饼

煎饼是沂蒙地区最具有代表性的传统食物，当地村民的一日三餐都离不开它，常见的吃法有煎饼卷大葱、卷肉丝、卷沂蒙炒鸡。过去沂蒙地区的人们通常都会在家手工制作煎饼，将水和面粉按照一定比例搅拌成面糊后放在一种叫做"鏊子"的烙饼炊具上，待一面变熟后立即翻面，刚做好的煎饼香气十足，两面焦脆，烘烤的制作方式使其利于保存，十分符合当地人的生活需求，因此备受人们的喜爱。据当地村民所讲，煎饼最早是诸葛亮发明的，早期诸葛亮辅佐刘备带兵打仗之际，因粮草不足、锅炊尽失，将士们饥寒交迫，情急之下，诸葛亮让伙夫将面加水和成面糊，放置在铜锣之上，用火烤之，士兵吃完体力大增，一举获得胜利，于是这种吃法就保留了下来。

2．剪纸

沂蒙剪纸区别于其他剪纸艺术，它的构思主要来源于村民日常生活，乡土气息十分浓厚。手工艺者通过剪纸艺术向游客展现独特的沂蒙文化故事与自然美景，其中不乏以"卧冰求鲤""凿壁借光"为题材的剪纸作品，既表现出了沂蒙人恪守孝道、刻苦勤奋的精神面貌，也时刻提醒着后世子孙要延续优良传统。除此之外，还有一些剪纸作品是对沂蒙人民日常劳作的真实写照，多以百姓种桑养蚕、牧牛放羊为题材，展现出了浓厚的本土文化色彩。

在沂蒙剪纸艺术中还有一类专门贴于门楣的剪纸，叫做"门笺"，又被称为"门彩"，其外形似旗，多用来驱除邪祟、祈求平安。门楣上粘放的数量多为单数，一般五张最为常见，每张内容各不相同，为竹泉村古朴的建筑外观增添了丰富的色彩（图5-18）。

3．秧歌

沂蒙秧歌最早是从事农业活动的村民为了缓解田间劳作的疲惫而哼唱创作的

歌曲，他们通过这样的方式来抒发自己内心的情感，减轻身体的疲惫，放松身心。后来歌曲表演中逐渐开始加入一定的舞蹈动作，并以铜锣伴奏，极具乡村特色。每逢新年佳节，村民都会自发组队，在邻里之间互相拜年问好，共同期盼美好的生活。

图5-18　门笺

5.4.2　历史人物

1．高明衡

高明衡乃竹泉村高姓始祖高明寔的堂兄弟，为明朝末年官吏，字仲平，号鹭矶，沂州人。于崇祯年间高中进士，著有《更生吟》一诗，其中“半生不弄虚脾相，至死犹余侠骨存”是其精神世界的真实写照，这种宁为玉碎不为瓦全的精神，使得他在清兵下沂州时自杀身亡。

2．高炯

高炯乃高氏后人，为明末青州衡王府仪宾，即衡王府的驸马。成亲之后其曾在竹泉村修建别墅，现今村内的驸马府就是他的府邸。

5.5　近年来美丽乡村建设

据《沂南县县城总体规划（2016—2035）》显示，沂南县的整体形象定位为旅游度假的休闲胜地。在这一背景下，竹泉村所处的铜井镇可以充分发挥当地特色，努力打造乡村旅游度假区。当地以竹泉村的翠竹、清泉及古村落为主要设计元素，对村中的传统建筑进行了保护与再利用，通过将各种民俗活动与当地特色置入到现有的建筑中，形成了一大批民间工艺坊，如煎饼坊、针线坊、纺织坊等，促进了当地民俗文化的传播。

5.6 结论与展望

近年来，竹泉村凭借独特的“竹泉模式”，由一个落后的农耕村庄转变为游人络绎不绝的特色村庄，一跃成为最美乡村的齐鲁样板，以及乡村振兴的典范。这种保护性开发的模式是竹泉村发展良好的根本原因，只有保留住乡魂，才能得以发展。现在竹泉村不仅保留着过去村庄的遗址建筑，又将沂蒙特色及非遗民俗文化置入其中，同时各类展览工艺坊的出现，也增加了当地的就业工作岗位，使得当地留守的老年人也能通过传承传统文化而创造收益。这种独创的竹泉模式不仅带动了当地的经济发展，助力乡村脱贫，也鼓励着当地人肩负起传承传统文化的重任。

竹泉村“竹泉模式”的出现也为那些具有乡村文化特色的传统村落指明了一个未来可以发展的方向，既可通过对当地的特色文化进行旅游开发来创造收益，又可将获得的收益用来促进当地人保护传承特色文化，这种良性的循环模式最终使得竹泉村得以蓬勃发展。

第6章 查济村

查氏族居　桃花潭畔　风疏山朗　人间瑰宝

——我国现存规模最大的明清古村落查济村

6.1 引言

“桃花潭水深千尺，不及汪伦送我情”，用来寄托友情的桃花潭景色优美，而距之20km外的查济古村落更如深山中的一件瑰宝，令人魂牵梦萦。查济古村落，是中国现存最大的古村落之一；如一位年迈却不失芳华的老人，给人以质朴亲切的感受，每一砖、每一瓦、每一窗，都在诉说着一段属于它的陈年旧事。

6.2 村落概况

6.2.1 区位交通

查济古村落坐落于安徽省泾县桃花潭镇，位于黄山山脉北部，东临桃花潭，南接太平湖，西北与九华山毗连。查济古村落布局依山傍水，因地就势，古民居也同大部分徽州古村落一样，与周边环境相协调，以尊重的态度融入周边。查济村外有四座门，分别为钟秀、石门、巴山、平岑。村内有三溪：岑溪、许溪、石溪，将古村落划分为几片区域，隔而不塞，似断又连，溪流穿村而过，桥就自然成了村落重要的交通构筑物。古有诗咏诵道:“十里查村九里烟，三溪汇流万户

图6-1　查济村卫星图

间，祠庙亭台塔影下，小桥流水杏花天”（图6-1）。

6.2.2　历史沿革

1．姓氏起源

查姓是一个古老的姓氏，据宗谱记载，查姓原是周朝伯禽的后代，周惠王（公元前676年）肇封查邑（今山东济阳），以地而得氏，查济村民绝大多数都是查姓人氏。唐初，时任宣州刺史的查文熙途经此地，感慨这一带山川秀丽、气候宜人，此后这一方土地令之魂牵梦萦，故退休以后，便携家族赴此定居，开辟村落。

2．历史演变

村庄总面积约30km^2，随着唐代徽商的崛起而兴盛，鼎盛时期是明清之际，当时大部分查济的成年男性在外做官或经商，年末回乡修建自家房屋和祠堂，所以很多大户人家的建筑雕花极其繁复，用料精美。

6.3 特色建筑

6.3.1 祠堂

在徽州，一般每个村落都有一个祠堂。祠堂是大家族聚居模式下所衍生的建筑类别，象征着一个村落的精神中心。而查济祠堂众多，具有历史研究价值的有宝公祠、二甲祠、洪公祠等，其艺术价值极高。

1．宝公祠

宝公祠建于明朝洪熙年间，由有“华封三祝”之称的查宝源后裔为纪念其功绩而建，是查济村现存规模最大的一座祠堂。此公祠扩建于康熙年间，太平天国时被毁，同治年间重建，建筑面积1737m^2。

宝公祠坐南朝北，祠前是许溪，祠东是独山墩，祠与青山塔遥相对望，周边风景秀美，地灵人杰。此祠堂外表乍看平平无奇，正立面凹形大门，两侧花砖贴面墙，建筑入口处没有象征着祠堂威严的台阶，朴素简雅。但推开祠门，方知其内有乾坤，非凡之处在细节和内部构造上体现得淋漓尽致。

祠堂共有三大进，第一进称为称仪厅，堂前有一明亮的天井，是祠堂的“气口”。由于徽商常年外出经商，留在家里的多是妇女儿童，出于安全防盗的考虑，在屋宅祠堂四周置高墙，立面很少开窗或开高窗，天井可以很好地解决室内采光通风的问题。宝公祠的天井较其他住宅开口面积更大，所以室内更加开敞明亮。天井也使人与自然紧密结合，室内室外融为一体，同时也有四水归堂、肥水不流外人田之意。第二进则称为明伦堂，有祭祀祖先和处理本族大事之用途。顶梁上方有大型木浮雕“双狮滚绣球”，一雌一雄两狮雕刻精美，栩栩如生。第三进则是祠堂的寝厅、寝楼，主要用来供奉祖先牌位，寝厅布局讲究礼制，具有最高地位。

徽州祠堂有祭祖、制定族规、训人惩戒之功能，并有众多社会管理职能，是一族人的精神中心，在当时既维护了社会稳定，又形成了尊卑有序、重道明德的风尚（图6-2～图6-5）。

图6-2　宝公祠马头墙

图6-3　宝公祠称仪厅

图6-4　宝公祠寝楼

图6-5　宝公祠天井

2．二甲祠

二甲祠，又名光裕堂，建于明末清初，为纪念中兴六世祖查祈宝而建，建筑面积1100m^2，是查济现存最完整的一座祠堂。二甲祠位于村落中部，坐北朝南，大门左侧有“仁让坊”以及两座巨大的牌坊基石。厅堂大门两侧设有抱鼓石，上有两根阀阅，更加烘托了该祠的等级。进入厅堂，放眼四望周围全为木质，内墙镶板，所谓“见木不见砖”，正是二甲祠的特别之处。第一进的镶板上贴满了祠堂每年的收支账目，是当年“祠务公开”制度健全的体现。越过天井，来到第二进，这里的木雕、石雕琳琅满目。在厅堂与后堂之间，设有屏风用来遮挡，使得后堂祖宗牌位相对隐蔽。屏风后是天井的过渡空间，后堂天井比厅堂天井更狭长，光线较暗，有沉重肃穆之感。后堂比较狭小，两侧耳房存放祭祀用品，中间用来举办祭祀活动及存放祖宗牌位。后堂比厅堂高出五个台阶，以示祖宗与子孙地位的差异（图6-6、图6-7）。

图6-6　二甲祠门楼

图6-7　二甲祠后堂

3．洪公祠

洪公祠，始建于明朝，扩建于清初，是为纪念中兴五世祖查洪源所建。该祠背倚岑山，面朝许溪，天然的地理优势显示出衔山吞水之势。洪公祠前后三进，坐南朝北，占地面积1060m^2，大门呈凹形，两边前墙上设有两层砖雕。值得一提的是祠堂门屋构架上有四条精美的盘龙，在封建时期，这样的做法可是大胆的僭越，这样尊贵等级的雕刻，也象征着这座祠堂主人的身份地位之显赫。洪公祠是查济建筑中人与自然相融的典范，寝楼建在山坡之上，使祠堂和山连为一体，由于地势高差，后进高出二进一层，两边阁楼就成为二层楼房，楼上有对称的美人靠，窗棂上雕刻着“福福”“禄禄”“寿寿”字样的花纹。整座祠堂最精妙之处莫过于天井的设置，建造者在天井处挖了两口天然泉水的井，井水大旱不绝，暴雨不溢，水平稳而富有生命力，使祠堂在庄严肃穆之余，又平添了灵动生机。同时借助祠堂的教化功能，告诫子孙井中有井、天外有天、不躁不满的为人处世哲学（图6-8～图6-10）。

图6-8　洪公祠门楼

6.3.2　民居

查济村的古民居鳞次栉比，与大多数徽州古村落一样，布局依山傍水，青砖灰瓦马头墙，宛如水墨画。民居门楼的设计建造都很讲究，体现着一个家族的世代繁荣。

图6-9　洪公祠井

1．德公厅屋

德公厅屋是为纪念中兴七世祖永德公而建，位于查济村水郎巷中，是查济仅有的元朝建筑。众所周知，徽派建筑多建于明清之际，这座厅堂的门楼也是安徽非常少见的元代建筑，能保存至今，实属奇迹。德公厅屋是四柱三楼牌坊式门楼，三层覆盖门楼是略带翘角式的，屋面有五朵斗拱，给人以层次丰富的视觉体验，并且十分古朴典

图6-10　洪公祠天井

雅、雄浑大方。门楼背面雕刻精美，手法娴熟，以镂雕手法雕出二龙戏珠、狮子滚绣球、丹凤朝阳、鱼跃龙门等吉祥图案。

门楼所用的材料是适于雕刻的水磨青砖，质地疏松细腻，采用高浮雕加镂空雕的技艺。德公厅的独特之处在于它既是一座可以独立的牌坊，又是一座厅屋门楼。

进入门楼，经过一道天井便是厅屋，厅内有16根楠木柱子，木料珍贵，这显示了查氏一族雄厚的经济实力。檐柱为粗矮浑圆楠木，柱础为无雕琢的覆盆式，体现了元朝人个性的粗犷豪放，不拘小节（图6-11、图6-12）。

2. 爱日堂

爱日堂建于明代，是村里目前保存最完整的宅邸。此住宅气魄宏伟，结构十分精美，堂内挂有一块堂匾，是四方百姓所赠，匾题“为官清正，爱民若子”，此座建筑上有十分精美的雕饰，在门坊、柱础和窗棂上都刻有人物、山水、鸟兽、花卉，栩栩如生，技艺精湛（图6-13）。

图6-11　德公厅屋门楼

图6-12　德公厅屋雕花

图6-13　爱日堂门楼

6.3.3 桥

“门外青山如屋里，东家流水入西邻”，查济村内三溪汇流，沿河错落有致地建有多道桥，有拱石桥、板石桥、洞石桥等，类型繁多，极具特色。据考察，查济村原有108座桥，数目之多，令人瞠目。虽大多已被损毁，不复往日风采，但仍存有一些古桥，联系着两岸居民，诉说着旧时的故事。

沿着许溪漫步，第一座便是财神桥，过了财神桥才算正式进入村内。财神桥始建于明中期，为平拱石桥，拱长约5m，宽约2m，桥上的财神楼是近代复原的。桥上的照壁犹如大闸，喻为水流财气不走，照壁上写着“紫气东来”。往前是著名的网红桥梁——红楼桥，建于明代。早时此桥上曾有一个小红楼，一些文人雅士常常来此饮酒、品茶和观景。如今，繁茂的绿藤萝缠绕在饱经风霜的石桥上，又从桥面上垂下来，仿佛在桥面上挂上了珠帘，因此也有“一帘幽梦”的美称。古镇的西面有镇口桥，是明万历年间理学名家查铎修建，查济居民为了纪念这位祖先，也将此桥称为铎官桥。桥的左侧即查铎故居，左青龙，右白虎，背依岑山，桥建于此处也是为了锁住水口，此桥也因此得名（图6-14~图6-16）。

图6-14　财神桥

图6-15　红楼桥

6.3.4 塔

查济有巴山、青山、如松三塔。其中如松塔位于村东的如松山顶，一座五层密檐式砖塔矗立于丛林之间，此塔高25m，中空六边形，底层有砖券拱门，清嘉庆五年，由查氏全族集资建造。

图6-16 镇口桥

6.4 近年来美丽乡村建设

查济作为我国现存规模最大的明清古村落，近年来一直利用村落中的建筑遗址以及特色文化积极开发旅游业，推动文化旅游的发展。发展旅游一方面可以完善查济村的基础设施和服务设施建设，开发旅游商业街，修复青石板路，安装路灯等，方便村民的日常生活；另一方面，也能让村民重视生态环境和文化环境的保护，提高村民保护环境的意识。

如今，通过政府和村民的共同努力，旅游业已成为查济的支柱产业，包括旅游服务、农家乐、旅游商店、土特产店等。查济村初步实现了旅游富民的目标，也践行了政府不与民争利的诺言，为古村的科学发展进行了有益的尝试。

2001年查济古建筑群被公布为第六批全国重点文物保护单位，2008年查济村被评为第四批中国历史文化名村，2012年12月17日，查济村被列入中国传统村落名录（第一批）。

6.5 规划、旅游发展进程

6.5.1 特色旅游发展

查济村四面环山，许溪、岑溪、石溪穿村而过，两岸及巷陌铺砌青石板，山脉蜿蜒，稻田整齐，村舍散布，亭台稀疏，呈现出田园诗画般的乡村景色。查济地处徽文化与皖江文化的过渡带上，历经沧桑，绵延十里并能保留下几个时代的风格建筑，形成了自己独特的地域文化。该村还有“华夏写生第一村”的美誉，有140余所大专院校学生常年在此写生，50余所院校在此设立写生基地，每年接待游客近百万人，发展潜力巨大。

《泾县全域旅游发展规划（2017—2030年）》中指出，要以查济古建筑群、查济双塔等人文景观为核心，植入徽文化，开发文化项目，打造文化创意基地。同时要重视查济古建筑的修缮，完善查济画家村项目提升，进一步提高查济村的旅游吸引力。

6.5.2 特色规划发展

《中国历史文化名村查济保护规划》中指出，查济村的功能定位是以村民居住、生活服务为主要功能，兼具文化展示、休闲观光、旅游服务等功能的综合性乡村聚落。规划重点是提升查济的生态环境和文化品质，优化查济的旅游服务功能。查济村整体采用“一轴、三片、十二组团，农田楔入”的空间结构。“一轴”指的是村落发展轴线，依次为游客中心、独山墩、查济小学、二甲祠、宝公祠、洪公祠、镏公厅屋、麟趾桥。“三片”指的是沿许溪的历史风俗片区、沿石溪的田园风光片区和沿岑溪的农家生活片区这三个各具特色的区域。“十二组团”是指四个旅游功能组团和八个生活功能组团。“农田楔入”指从南到北穿插入三片集中开敞的农田，从而形成村落和田地相互融合的布局。

6.6 结论与展望

查济作为我国目前现存最大的明清古村落，历经500多年的风雨，在乡村旅游开发、美丽乡村建设开展得如火如荼的环境下，依然能不忘初心，完善保存着当地的传统文化、建筑艺术和空间布局，让生产、生活空间并存，人工、自然环境相融，它的存在对我国传统村落的保护发展有着重要的启示意义。

对传统村落的保护要基于村落环境特征和历史文化价值，明确保护对象和保护范围，建立完善的保护体系。以查济村为例，它的最大特色就是乡土环境，因此在保护的过程中，既要保护古村落本身，还要将农田、水系等构成古村落骨架的要素纳入保护范围，形成村落和农田相融的特色格局。

在保存历史文化遗产的同时不能忽略村镇的未来发展，相比于农业或者工业，旅游业无疑是最适合传统村落发展的道路。在旅游规划的道路上，不能生搬硬套，要避免千村一面，应该以遗产保护为核心，宏扬地方特色文化，增强旅游吸引力。以查济为例，在空间上，保留原来的肌理特征，改善村庄生活环境，完善配套设施，达到可持续发展的目标；在文化上，积极挖掘和宣扬传统文化，支持村民恢复传统习俗，增强村民文化认同感和自豪感；在经济上，政府加强对当地农业、手工业的扶持，引导当地的土特产、传统风物进行产业升级。

传统村落保护的核心是乡土环境，除了政府部门的常规管理外，还要激励村民自治。以查济村为例，一方面要发挥村委会的作用，与村民进行统筹协商，完善村规民约；另一方面，要鼓励各种民间行业协会起到限制和引导的双向作用。

第7章　西递村

高街深巷　粉墙黛瓦　月湖良田徽墨画　世外桃源里人家

——徽派建筑艺术的代表西递村

7.1　引言

图7-1　列入世界遗产名录

2000年11月，有着“明清民居博物馆”之称的古村落西递村被列入世界文化遗产名录（图7-1），开创了民居被列入世界文化遗产的先河。西递村保持了完整的古村落形态，在聚落形态、街巷分布和建筑细节等方面将徽派建筑美学的魅力体现得淋漓尽致。粉墙黛瓦，鳞次栉比，月湖良田，美景尽收眼底，好似一幅徽式水墨画。西递以完美的聚落形态、精巧的民居建筑、浓郁古朴的民俗风情以及徽州深厚的地域文化吸引着海内外游客前来探访参观。

7.2 村落概况

截至2020年，西递古村落户籍人口1200人，常住人口为1360人。村子东西长约800m，南北宽约300m，占地约16hm^2。西递曾名“西溪”，因有三条小溪交汇于村口，自西向东流，与中国大江大河东逝水恰恰相反，因其独特性而得名。“西溪”又曾名“西川”，因村中胡氏从婺源考川（现名考水村）迁移而来。又因曾有古驿站设立于村西，称“铺递所”，故取名“西递”，最早见于清嘉庆版《黟县志·都图》。曹文植《咏西递》曰：“青山云外深，白屋烟中出。双溪左右环，群木高下密。曲径如弯弓，连强若比邻。自入桃源来，墟落此第一。”乃曹文植对西递的描述与肯定。

7.2.1 区位交通

西递村位于安徽省黄山市黟县城东8km处，地理坐标为117°38′E、30°11′N，距黄山38km，距黄山火车站52km，距黄山机场54km。西递村空间层次感强，街巷空间主要由两条沿溪小路和一条纵向主街道构成，街巷道路皆用当地青石铺设。从地形地势来说，四面环山，村北侧被虎形山、牛形山、东头岭等环绕，南侧有乌坑岭、陆公山、长演岭等遥相呼应。受群山环绕的自然地势环境所限，聚落形态呈现出“船”字形，而四周起伏的山峦则像是波涛汹涌的大海，西递村正乘风破浪，扬帆起航，演绎着一段历史故事（图7-2）。

西递气候多雨多雾，湿度大。夏季无酷暑，冬季无严寒。村落建筑有着显著的地域文化特征，达到了徽派建筑艺术的巅峰，将高超的营建技艺和“天人合一”的传统规划思想体现得淋漓尽致，在《西递胡氏宗谱》中有对其地理环境的描述：“其东为杨梅岭，其南为陆公山，其西奢公山，其北松树山，皆环拱。水二派，前仓之水发源于邦坞，后库之水发源和祥坞，阔澜双引，皆向西流，人夸山水钟灵，堪称桃源之胜壤也。”由此便有了“世外桃源里人家”的美称。

图7-2 西递村卫星图

7.2.2 历史沿革

西递村是徽州现存最具代表性的明清时期古村落，以宗族关系为纽带，以徽商经济为支撑，形成了其原始的结构骨架和形态肌理，虽历经多年战乱，村庄半数以上的祠堂、书院和牌坊已不复存在，但其聚落形态依旧保存完好，具有极高的文化艺术价值，这里诞生了许多文化大家，也是徽州文化的发源地之一。

西递始建于北宋元祐（宋哲宗）年间，于明朝景泰时期发展起来，可追溯的历史已近千年。据史料记载，唐昭宗时期发生叛乱，唐昭宗李晔之子逃匿于此，姓氏改为胡。北宋皇祐年间（1049—1054年）胡仕良自婺源前往金陵（现南京），曾路过此地，被这里的景色吸引，从此念念不忘，随后举家迁来西递定居，便有了这九百多年的沧桑岁月，故有“真李假胡”和“明经胡氏”之说。明清时期，西递胡氏进入仕途，有官职者超百人，一部分文人弃儒从商，以商助仕，以仕护商，形成了一个完整的利益关系闭环，财富急剧增长，于是大兴土木，修建了很多民居、祠堂、书院和牌坊等，清代乾隆年间居民人数高达一万余人，高街两条，牌楼十五座，祠堂三十余座，巷道九十九条，水井九十余口以及六百多座宅院，建筑艺术和房屋建造技术达到鼎盛时期。后历经百年动乱，多数的建筑和构筑物早已不复存在，但明清徽州古村落的基本风貌特征和聚落形态仍保存完好。村民在其间正常起居生活，保留了古村落的活力。西递凭借着诗意盎然的田园风光、独树一帜的徽州建筑文化和朴素的乡俗民风，表现出了独特的旅游价值。如今，旅游业带动了村庄的经济和文化发展，不仅实现了西递的“文化活化”，还成为向世界弘扬中华传统文化的“引导者”。

7.3 特色建筑

西递村现存建筑中，代表徽州建筑的“三绝”（祠堂、牌楼、民居）和“三雕”（石雕、砖雕、木雕）均得到了较好的保存，其布局之独特，结构之巧妙，装饰之精美，文化内涵之深刻，堪称徽州建筑文化之典范。漫步村中，随处可见青石铺路、粉墙墨瓦、飞檐翘角、巷贯街连，还有独具一格的马头墙（图7-3）。步入宅院中，雕梁画栋、栏板斗拱、镂空门罩、描金飞彩，每一处佳作背后都蕴含着徽州人谦逊、低调的为人处世之道。

7.3.1 古祠堂

在古代，为了巩固和有效地管理具有血缘关系的宗族传统事务，每个宗族都有一套系统的管理措施，而兴建祠堂是尤为关键的措施之一。赵吉元老先生一语道破：“新安各族，聚族而居，绝无杂姓掺入者，其风最为近古。出入齿让，姓名有宗祠统之。”祠堂不仅承担祭祀的功能，还可以处理喜、丧、寿等村中大事，族中有违反祖训家规者，祠堂还可以充当法庭的角色，因此，祠堂在徽州各村落宗族中的地位无可撼动。

图7-3　西递街景

1．明经祠

西递村祠堂林立，鼎盛时期兴建祠堂34座。祠堂分为总祠、总支祠、分支祠和家祠四个级别，等级依次降低。明经祠是胡氏总祠，是村中等级最高的祠堂，因“板本追始”的蕴意，还被称为本始堂。祠内供奉着始祖明经公至十六世祖宗神位，每逢春秋祭祀，胡氏全族作礼设祭。据史料记载，明经祠建于清乾隆五十三年（1788年），是西递村与其他胡氏村落集合力建造，用于祭祀明经公。祠堂坐落于村口，位于胡文光牌坊东侧百米处，20世纪中期遭到严重损坏，现已不复存在，仅剩一石碑刻记遗存。

2．敬爱堂

西递村的总支祠有三座：敬爱堂、举春堂、迪贯厅。总支祠的存在是为了满足宗族各支族祭奠祖先而设立。敬爱堂是西递胡氏支脉的总祠，原本是西递胡氏十四世祖的私宅，毁于火灾，后重建，于乾隆年间扩建为总支祠，是西递现存唯一一座总支祠。敬爱堂坐落在村子中心，进深62m，横跨30m，占地面积1800m²，也是现存最完整最宏大的祠堂（图7-4、图7-5）。祠堂取敬爱之意为告知族人要尊老爱幼，忠孝礼义。该祠门楼飞檐翘角，有升天之状。走进门楼，两侧抱鼓石各一，祠堂中间是正厅，梁柱雄伟，庄严肃穆，是古时祭祀的场所，上方开有天井，四周斗拱层叠相承。后进享堂，不同于前者，给人以平和心境，用于祭奠先祖，现挂有三位祖先灵位，在享堂门正上方挂有一“孝”字（图7-6），传为朱熹手笔，听当地人解说：“孝”字形象生动，右上方的笔触像一位仰头作揖的后生，左前方起笔处则像一个遭人唾弃的猴头。寓意要孝敬长辈，仰头做人，不然要像那只猴子一样被“踩”在脚下。

图7-4　敬爱堂外观

图7-5　敬爱堂牌匾

图7-6　享堂“孝”字

3．追慕堂

西递村的分支祠有二十余座，按供奉对象大概可分两类：一类是供奉族中杰出先贤，如七哲祠供奉的是胡氏家族七大名家；另一类则是胡氏的支派祠堂，其中追慕堂极具代表性且保存最为完好。追慕堂坐落于正街东处，建成于清乾隆甲寅年（1794年），祠分三进，依次为门楼、大厅和享堂，走进追慕堂，大门两侧放置巨型石狮和旗杆墩石（图7-7），门厅石墩上撑起四根粗犷的青石柱，祭祀大厅内，青石铺设，斗拱层层挑出，两侧陈列二十四位唐代开国功臣图，再进享堂，李世民塑像映入眼帘（原摆放支祖神位）雄伟壮观，别具一格（图7-8、图7-9）。“追慕”顾名思义，表达的是追思仰慕先祖业绩，但胡氏家族为何追慕唐氏祖先呢？这便验证了“真李假胡”之说，也形象表达了李胡之渊源。

图7-7　追慕堂外观

图7-8　李世民塑像

4．迪吉堂

西递村家祠有四座，迪吉堂是其中保留最完整的（图7-10），位于村中正街追慕堂以东，系西递富商于清乾隆年间所建，后为胡贯三接待亲家的官厅。迪吉堂外观并无奇特之处，但内部极为讲究。布局为三进式，八字门楼上方刻着“官厅”字样，精细的青石砖雕引人入胜。正厅四根长石柱撑起月牙形的“冬

图7-9　开国功臣图

瓜梁”，莲花柱托起童柱，童柱撑起横梁，柱托木间雕刻美妙绝伦。正堂上方高挂“迪吉堂”牌匾。“迪吉”一词来源于《书·大禹谟》：“惠迪吉，从逆凶”，有启迪后人之意。

图7-10　迪吉堂

7.3.2　古宅院

1．大夫第和临街绣楼

大夫第原为河南开封知府朝列大夫胡文照的故居，位于西递村正街中段，是一座建于清康熙三十年间（1691年）的四合二楼建筑，俗称上下厅堂，由两组三间式宅院组合，站在大夫第大门口，抬头便看到“大夫第”字样的砖雕，平视前方，厅堂的雕饰琳琅满堂，尽收眼底。步入正厅抬头便看到匾额“大雅堂”环绕四周，明亮的天井洒下一束束光，栩栩如生的木雕在隔墙板上活灵活现，二层的“美人靠”更是出神入化。楼上是回廊式，后一进是明堂，用于摆放祖先之灵位。

引人注目的是在大夫第的东侧建有一临街绣楼，小巧玲珑，飞檐翘角，这里需要说明的是绣楼并非女子所居之处，而是胡文照先生修身养性之所（图7-11）。在绣楼下方有一处墙角被抹去，比正屋墙体缩进一大步，还篆刻着“作退一步想”门额，这也体现出徽州人从商从政处事圆滑，进退自如，也反映了徽州人“达则兼济天下，‘退’则独善其身”的哲学思想，十分耐人寻味。

2．尚德堂和仰高堂

尚德堂和仰高堂是村里为数不多的明代建筑，后者建于明万历年间，距今已有四百多年的历史，虽后代多次对其修整，但明代风格清晰可见。尚德堂建于明末，建筑面积约160m^2，其中八字门最令人叹为观止，采用黟县青大理石

图7-11　古绣楼

图7-12　尚德堂外观

图7-13　尚德堂厅堂

筑成，八字墙面无雕刻图案，而是进行了石面打磨，光可鉴人（图7-12）。踏进正门，厅堂却与门楼大相径庭，狭隘的空间与端庄大气的门楼形成鲜明对比（图7-13），而此现象在仰高堂也毫无二致，原来在明代有《大明律》规定房屋

图7-14　惇仁堂巷道

税收由首层厅堂面积决定，所以宽敞的厅堂大多建在二层，徽州商人在应对朝廷政策所打出的“擦边球”，足见其智慧。与尚德堂不同的是，仰高堂还建有三层，登高望去，西递美景，一览无余。

3．惇仁堂和膺福堂

到了清代不再履行明代的规定，首层厅堂成了待人接物之所，厅堂也就越来越富丽堂皇，但清代民居房间的规制仍受限制：庶民住宅不得超过三开间。惇仁堂和膺福堂分别是西递徽商胡贯三和其长子胡尚熷故居。对于腰缠万贯的胡贯三来说自然不甘于此，但又不敢触碰规定，所以惇仁堂表面看是三开间，实为五开间两厢二楼结构，在厅堂两侧设“联珠房”各一间，并在梢间内设小天井，极大地改善了采光条件，建筑整体布局灵活多变，别出心裁，巧妙地避开规制又满足户主要求（图7-14）。胡尚熷曾官至正三品，膺福堂体现的则是官宦人家的气场，单看门楼上有五个楼檐就已经是民居中最高规制，大门两侧的砖雕更是妙趣横生，从不同的方向看会呈现“金龙吐水”“丹凤展翅”的景象，非一般匠人所能为之。

4．西园和东园

“古昔街之西名西园，柳下其东则曰东园”，这大抵是两者名字的由来。古时徽州人对生活质量具有较高的要求，精神需求尤甚，为表鸿鹄之志，抒发情感，庭院是不可或缺的场所。西园便是清道光年间修建的一座园林式的庭院民居，坐落于横路街中，在八字门楼前，透过门亭的框景便能看到园中景象。院子呈长方形，分为前园、后园和后院，院子两侧陈列房间，园主巧妙地采用了因借、渗透等多种手法，步移景异，妙趣横生，打破了长方形带来的呆板和单调的轮廓感。院中有一处刻有“西递”字样石雕位于花台中，还有拱券砖门、假山、花台，层次丰富，情趣怡然。走进东园，书卷状的门额“东园”映入眼帘，窄小的门框和狭长的入口，给人以压抑、阴暗的感觉，入庭便豁然开朗，这种欲扬先抑、虚实对比的手法，如神来之笔，令人耳目一新。转头正厅粉墙置有“结自得趣”碑刻，表达主人胡文照脱离官场，回归桃源人家的悠然自得。

7.3.3 牌楼

来西递游玩，步入村头会被一个威武神俊的石坊所吸引，它高12.3m，宽9.8m，为四栏三间五楼石牌坊，全部用青石打造，这就是建于明万历六年（1578年）的胡文光牌楼，是西递村的标志性建筑物，也是西递村仅存的一座牌楼，距今已400多年历史（图7-15）。牌楼依靠四根50cm见方的抹角石柱支撑，牌坊

图7-15　胡文光牌楼

底座四只倒匍石狮威猛传神，还能起到稳定作用，十分符合力学原理。一楼月梁粗硕，明间月梁两侧均镂空，有倒爬石狮戏球雕刻图案，造型逼真可爱。三楼西向和东向分别刻有“胶州刺史”和“荆藩首相”，正中心刻有“恩荣”字样，遒劲有力，足以证明胡文光当年深得朝廷的恩宠。三楼起均有流檐翘角，其中三对脊头吻首还有锡丝鱼须，实际用于防雷。四楼次间饰以圈花漏窗，五楼则斗拱叠架，斗拱间有圆形镂空图案和八仙雕像，工艺极为精湛。因西递村聚落形态像一条“古船”，胡文光牌楼就被比喻成船帆，虽历经沧桑，但仍扬帆起航。

7.4 代表性人物

7.4.1 胡文光

胡文光，字原中，明经胡氏十八世祖。明正德十六年（1521年）生，嘉靖三十五年（1556年）中举，万历二十一年（1593年）卒，曾任江西万载县知县、胶州刺史、荆王府长史等职务，胡文光在位期间政绩卓著，深受皇帝恩宠，为此在其家乡西递建胡文光牌楼一座。

7.4.2 胡贯三

胡贯三，字学梓，清代著名徽商，清雍正年间生，卒于乾隆甲寅年（1794年），曾经营三十六家典当，为江南六富之一，晚年故居“惇仁堂”位于溪畔。

7.4.3 胡尚熷

胡尚熷，字如川，清代贡生，曾官至二品。他传承父亲胡贯三之优良传统捐资施善，曾捐建黟县碧阳书院、东岳庙，并修路造桥，积德行善五十余年。故居“膺福堂”恢宏大气，颇有韵味。

7.4.4 胡元熙

胡元熙，字叔成，胡贯三的三儿子，清道光元年（1821年）中举人，是当朝宰相曹振镛的女婿。历任浙江多处知府职位，为官清廉。著有《决事录》等著作。

7.4.5 胡文照

胡文照，曾任清雍正、乾隆年间开封知府，因不愿在官场同流合污，晚年自退还乡，西递村中正街“大夫第”便是他退隐之处，“东园”“西园”也为他所有，现为他的后裔居住。

7.4.6 余香

余香，字开山，清代西递人。“村中有善石雕者，余香也”。余香擅长用石雕制箫、笛，并以篆文饰之，技艺高超。在《中国人名大辞典》中有对她的描述：余香为凿制石笛能手。

7.5 近年来美丽乡村建设

尽管西递在世界范围内享有盛誉，但一方面，随着社会不断发展，受到旅游业的冲击，导致了西递村景观资源受到一定的影响，另一方面，景区管理模式陈旧与游客需求不断提高的矛盾日益凸显。比如作为徽州文化代表的西递，村落参观依旧停留在建筑层面，却忽视了建筑本身所蕴含的深刻文化，导致旅游定位不高，除此之外还存在缺少非物质文化遗产的集中展示场所、写生团缺少统一管理和标准以及停车位数量严重不足等问题。当然，近些年当地政府和村民也在加强管理以及资源整合，并深入挖掘当地地域文化特色，这些都将对西递旅游发展产生巨大推动力。

7.6 结论与展望

如果说宏村是一幅画，山水秀美，那西递便是一首诗，韵味十足。西递古村落文化的沉淀是上百年来能工巧匠和文人雅士劳动与智慧的结晶，为把这份原汁原味的“艺术品”传承下去，需当地居民树立古村落保护的主人翁意识，把村落发展与当地居民的利益紧密相连，让人们诗意地栖居在这片土地上。

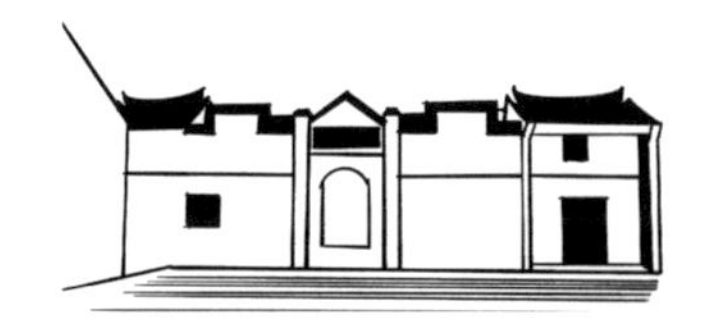

第8章　墨园村

明末清初　滴墨为园　画栋飞甍　古韵犹存

——广东省历史古村遗迹墨园村

墨园是一个有着数百年历史的古村，至今，村民们还说着属于福建闽南语系的学佬话，他们的先辈来到惠州时，择水而居，将福建居民的生活习俗带到惠州这片土壤之中，同时，也逐步将自己的文化传统和习俗融入本地社会生活之中，从先前的农耕文化到后来兴起的读书科考氛围，墨园也慢慢成为文人政客的衣锦还乡之所、桑梓之地。

8.1　引言

古村院落大多闻名遐迩，星罗棋布在全国各地，可谓遍地开花。然以墨为名，耕读传世，古建完缮者，当属古村墨园。作为岭南一脉古村落的典型代表，它展现的是优厚的历史文化底蕴和古迹传承。

墨园村在明清时期就曾是周边地区的商贸文化中心，在广州、惠州及东江沿岸较有名气。据说，当时是翟村村民先移居此地，于是陈举人向翟氏购地置业，翟村人给他们一盒墨水，说他们能用墨水围多大的地，就卖多大的地给他们。聪明的陈举人拿着墨水一路骑马飞奔，隔很远才滴下一滴墨，滴墨圈下的范围就是墨园村，“墨园”之名由此产生。

8.2 村落概况

8.2.1 区位交通

墨园村位于惠城区横沥镇下辖村，距离惠城区约20km，距离广龙高速6km，在东江“几”字形弯道处的北岸，地势沿江区域相对平坦，东部莲塘山地势较高。全村总面积260hm^2，其中耕地面积为166.67hm^2，山地面积33.33hm^2，下辖12个小村镇，全村总人口2088人。东江北岸的村落顺着水流依次排列，上游沿岸是水东村和福园村，中间是墨园村，然后是天罡村，有着横沥镇最大的绿色番石榴园，接着是蓝村。一条乡道将五个村落串联成东江文化古村落群，墨园因有着保存完整的古村落遗址，从中脱颖而出，成为最具有代表性的村落（图8-1）。

图8-1　墨园区位

8.2.2 历史沿革

据墨园村族谱记载，这里的居民是明末清初从福建一带迁移至此地的，村中现存最古老的公共设施是一口明朝末年挖掘的古井，古井旁的围门楼（协天宫）是墨园村的地标性建筑物，村中每有大型活动必在门楼前的广场上进行。现有的史料表明，围门楼重建于清朝乾隆年间，但始建年月不详，只能大致推断出不早于明朝晚期。此外，为了保护古村内的古建筑和古道，不管是建新房还是修路，都会绕开这些宝贵的遗址，因此墨园古村才有如此高的保存度。

8.3 特色建筑

2012年12月墨园村被列入中国传统村落名录，2019年12月31日，入选第二批国家森林乡村名单。墨园村中的古屋在第三次全国文物普查中被登记为不可移动文物。村中现存主要不动文物点有七处：大夫第、墨园古井、围门楼、老书室、茂记大屋、英记大屋、义记大屋，其中五项是陈氏家族的祖业，当中保存最好的两座是举人陈泰儿子的宅邸。据《惠州府志·选举表》记载，陈泰在清嘉庆二十三年（1818年）中举，可惜中举后不久就因病去世。陈泰的儿子陈兴于清光绪二十四年中了武进士，根据清末《惠州府志》的记载，陈兴很可能是惠州历史上最后一名武进士。后来他主持修建了大夫第、茂记、英记、义记等建筑。这些老宅现在仍有人居住。在清同治年间建成的茂记大屋居住的是陈锦信老人，他一出生就居住于此，子女长大先后搬离老屋，而他舍不得，也没办法自盖新楼，所以还一直住在这里。茂记大屋封檐板上有不同年龄、不同神态的人物雕刻，像是记录着陈氏先祖不凡的历史。

8.3.1 围门楼

围门楼是墨园村的标志性建筑，被纳入中国文化遗产列表，2015年2月由

图8-2 围门楼正面

惠州市政府公布为惠州市文物保护单位，同时也是惠州市惠城区不可移动文物。明末清初，移居此地的家族逐渐人丁兴旺，于是大家协商，希望能够建造一个属于本地的庙宇，以保此地长久平安。在与徐氏家族最年长的祖婆沟通后，在徐氏宗祠门前空地处修建了协天宫，用作村民祈福之地，这就是围门楼，里面同时供奉着关公和医灵大帝（保生大帝），常年香火不断（图8-2、图8-3）。

图8-3 围门楼牌匾

在围门楼的二楼，还有依然保存完好的木质横梁，上面依稀可见乾隆年间重建的字样，可见围门楼存在的时间也许比想象得更加久远（图8-4、图8-5）。

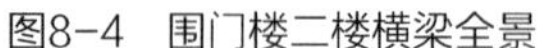

图8-4　围门楼二楼横梁全景

图8-5　围门楼二楼横梁局部

8.3.2　墨园古井

围门楼前的古井是村里最早的建筑，从明朝末年留存至今，由陈氏族人挖掘修建。水井占地二十多平方米，十余米深，井台和井面都用花岗岩砌成，井口由八条花岗岩条石围住，俯视呈八卦图形，井壁呈葫芦状，因此，又称为八卦葫芦井。虽然现在村子已经有了很好的自来水供水系统，但是依然有村民会在这口古井里打水，不仅因为这井水冬暖夏凉，还因为它的清冽甘甜（图8-6）。

图8-6　墨园古井

8.3.3 大夫第

村中最大规模的古建筑是大夫第，是墨园村陈氏祖先陈尚忠在清乾隆年间所建，距今有两百多年历史，其规模和保存的完好程度在惠州是罕见的。鼎盛时期有数百人在此居住，俨然小城市一般（图8-7）。

图8-7　大夫第入口正面

大夫第的建筑整体呈现出对称布局的堂横式建筑风格，由三堂、二横及前后院构成。院内的茂记大屋、英记大屋和荣记大屋，皆为砖木结构，虽然年代久远，但依然可以看到青砖清水墙加夯筑的墙体（图8-8～图8-11）。

图8-8　大夫第入口背面

图8-9　大夫第内部

图8-10　大夫第内部茂记大厦

图8-11　大夫第内部茂记大厦房檐

8.3.4 老书室

陈氏家族于1810年在大夫第正前面兴建了298m^2的“恒兴书室”，作为族人和村中子弟学习的场所，墨园村人称之为“老书室”。

恒兴书室与大夫第相距仅十步之遥，为两层砖木结构，硬山顶，龙船脊，墙上部青砖清水，下部夯筑。大门开于左手间，有门斗青石框边。书室内中部为天井，两边有廊连接前后进，并于廊后开门通往梢间。二进于明间、次间设前檐廊，立方形花岗岩梅花柱，檐廊为四檩卷棚。二进外墙上下两层皆开方窗，上层红砂岩、下层花岗岩框边。

1949年后，老书室被改为小学，村里55岁以上的男子都在此读过书。可惜书室在“文革”时期遭到破坏，就此空置，年久失修。如今，老书室的外观保存较好，但院内两廊和第一进左梢间屋顶已塌，左梢间内用于间隔的木屏门已全部缺失，天井及坍塌处因久无人至而杂草丛生。然而博风上精美的灰塑、封檐板上细致的木雕，那栩栩如生的花草、人物等，无不在彰显着书室曾经的气派，书室虽已不复当年风貌，但其辉煌的过往却真实地承载着陈氏这个百年大家族的传家之道（图8-12、图8-13）。

图8-12 老书室内部

图8-13 老书室外部全景

8.4 代表性的传统及文化

8.4.1 风俗传统

城市壁画作为非遗文化提供了物质载体，加快了文化传播的速度和影响力，墨园村乡间小道的壁画制作于2019年1月，内容丰富多彩，生动展示了墨园村村民的传统民俗活动。其中“清醮祈福”展示的是村民们祈福的热闹场面，这样隆重的活动还吸引了村外的游客和摄影师前来观看和拍照，见证这一极具意义的时刻。在这样的节日中，不仅有祈福的活动，村民们还会拿着自家的水桶来到八角福禄井打水，希望古井中的水能为他们带来平安和好运（图8-14、图8-15）。

8.4.2 餐饮文化

墨园的饮食文化近年来发展迅速，村里三百多人从事厨师行业，并且佼佼者不少，食客们好评如潮，使得“粤菜师傅”“舌尖上的墨园”“农家乐”等餐饮文

图8-14　清醮祈福壁画

图8-15　上元清醮古井打水壁画

化名词与墨园形成了新的联系和地方特色，墨园人把粤菜带入到大众视野中。

8.5 特色规划与保护

墨园村发生变化是源于2013年的“美丽乡村”行动，对传统村落中的历史建筑物进行了商业化和生活化的改造，让建筑更能发挥其实用性和经济性的功能。对农村人居环境进行了整治，完成了1500m^{2}广场和1.5km村道硬底化等一系列民生工程建设。在离墨园村委会办公室不远处还有“墨园里”民宿可供游客深度体验，这是在一栋百年老宅的基础上进行了一系列加固和防漏雨的措施后对游客开放的民宿，占地约1500m^2。同时还有配套的文化展厅，供游客了解墨园古村留下的各种生活物件和农具，促进墨园文化的传承和发扬光大（图8-16）。

图8-16 墨园村民俗“墨园里”

8.6 结论与展望

目前，特色小镇旅游经济的兴起为墨园古村带来了一次重要的转型机会，让村落自身的传统文化能够得到延续，通过对经济结构进行重组，达到可持续发展的目标。精英治理、村民参与、资源和市场都将成为关键的驱动因素。因此，墨园古村的转型，对于村民来说也是一次考验。

传统村落的“活化”，可以将墨园古村的生产空间保留下来，把传统的要素和形式保存下来，实现传统要素和现代功能的有机结合。比如，村子当中已经废弃的莲藕塘，在早期承担着莲藕种植的生产功能，在后期因为村子道路的修建，各种农产品能快速进入到村民家中，莲藕塘也随之减弱了生产的功能。因此，重新“活化”莲藕塘，让其具有经济生产功能，让种植莲藕重新成为一种经济活动，并且支撑当地村民的生活方式，这样的活化能够有效、积极地促进传统村落的可持续发展。

如今的墨园村，是惠城区现存规模最大、保存较好的古建筑群，依托古村落看得见的“乡愁之美”，集观光旅游、餐饮、民宿于一体的休闲农业综合体正日渐完善，为古村落碰撞出了新活力，墨园村人将“乡愁经济”生动地写在希望的田野上。

第9章　马降龙村落群

中西合璧　华侨新村　世遗风韵　万国集萃

——世界文化遗产侨乡村落群的典型代表马降龙村落群

9.1　引言

马降龙村落群是开平侨乡华侨新村的典型代表，被联合国文化遗产专家称为“世界最美丽的村落”，是“开平碉楼与村落”世界文化遗产四个保护区之一，由永安、南安、河东、庆临、龙江五个自然村组成。近代以来有大量华侨移民加拿大、美国等地，受到华侨文化的影响，马降龙村落群出现了大量中西合璧的建筑，是研究中国近代侨乡中乡土建筑的重要资料库。

9.2　村落概况

9.2.1　区位交通

马降龙村落群位于广东开平市百合镇的东南角，与台山市白沙镇接壤，距离开平市区约15km，与其他三处“开平碉楼与村落”遗产保护区相距约10km。

开平境内的主要水系潭江自西向东流经百合镇后改向北方流去，形成一片肥沃的冲积平原，马降龙村落群就位于此（图9-1）。马降龙村落群五个自然村错落分布在冲积平原上，周边绿竹环抱，一条道路将五个村落串联起来。村落后方种有杨桃林，再往后就是一片开阔的农田。整个村落生态环境优美，幽静祥和。虽然五个村均朝向西方，但总体还是遵循“背山面水”的传统观念。(图9-2)。

图9-1 马降龙遗产保护区图

9.2.2 历史沿革

开平是中国著名的侨乡，华侨投资兴建的村落叫华侨新村，华侨居住的新房也被称为洋房，马降龙也由此形成现在的规模。马降龙主要由黄、关两大家族兴建而成，早在清代初期最北边的永安里就已成村，但村中的碉楼、庐居均是民国时期修

图9-2 马降龙航拍图

建。而中间的庆临里在1905年才开始兴建。从村落的布局来看，后期规划的庆临里比永安里要规则很多。1949年以后，为了适应现代的生活方式，马降龙村落群开始出现有别于传统村落建筑的现代楼房，后在申遗过程中对这些建筑进行了整改，以协调传统村落中的整体风貌。

9.3 总体布局及特色建筑

9.3.1 村落布局特色

马降龙村落群占地181494m^2，拥有建筑总数176座，其中永安里57座，南安里26座，河东里10座，庆临里40座，龙江里43座。现有居民171户，村中常住人口506人，海外侨胞800人，80%的农户有海外华侨家属，他们之间仍然保持着密切联系。

马降龙村落群中的自然村具有典型的岭南传统村落特征，由于同时受到西方建筑文化影响，形成了具有典型五邑侨乡特色的华侨新村。岭南传统村落大多为梳式布局，前有半圆形的风水塘和晒谷场，中间是规整的民居群，后面靠山，两侧是榕树头，村子入口设置社稷、土地神位，村后地势较高处安置玄武神位。

马降龙村落群在继承岭南传统村落布局的同时，也增加了鲜明的侨乡特色，最主要的表现就是村落更加讲究其防御性。清末民初，开平地区盗匪猖獗，为了保证村落安全，人们纷纷修建碉楼用于防御，庆临里（图9-3）就是一个典型的代表。庆临里在继承传统岭南村落布局的基础上，还增加了三座碉楼和三座庐居，其中两座碉楼是门楼，位于村落南北的两个入口处。建村之际，为了防止盗匪入侵村庄，村民在村落周围种上簕竹当做围墙，所有人只能从这两个门楼进出。村落后方还有一个名为“保障楼”的碉楼，这是一座由庆临里六户人家合资兴建的众楼，当土匪到来之际，村民可以逃到此碉楼中避难。三座位于村后的庐居也极具特色，采用了中西合璧的风格，建筑材料上使用进口的钢筋混凝土，建筑结构上采用钢板窗户保障安全。

从村落布局上来看，马降龙的华侨新村具有很强的围闭性，村外有用于放哨

图9-3　庆临里航拍图

的更楼，周边种有密闭性很好的簕竹，村后建有碉楼或庐居等新式建筑。整体布局与其他传统岭南村落一样。从村落的侧立面来看，华侨新村从前面的风水塘、晒场到村后的庐居、碉楼，形成了逐渐递增的形态。

9.3.2　村落营建思想

马降龙村落群的选址、朝向、布局都具有典型的岭南特色。其中庆临里一直流传着采用加拿大设计图纸的传说，这点目前没有得到准确的考证。但种种迹象又表明这并非空穴来风，其一，村落中有大量移民加拿大的华侨，近代五邑侨乡就有大量模仿北美的建筑设计等现象，很多建筑就是华侨寄回图纸后由当地工人修建的，其中台山公益墟也有着类似的说法；其二，当时的政府鼓励吸纳西方建筑思想，建设标准的模范村，开平文物局还珍藏了1906年的《庆临里立村公约》；其三，庆临里与其他传统村落不同的是在村落巷道下方修建良好的排水系统与前面的风水塘相接。

9.3.3 特色建筑

马降龙村落群最具代表性的特色就是拥有大量的中西合璧式建筑。被列入世界文化遗址的核心建筑就有15座，其中7座碉楼分别为河东楼、惠安楼、庆临北闸楼、庆临南闸楼、保障楼、天禄楼、保安楼，8座庐居分别为信庐、敏庐、莞庐、祯庐、耀庐、昌庐、骏庐、林庐。这些建筑无一例外都具有中西合璧的特征，其表现形式如下：

内中外西：建筑的顶部装饰有繁复的西式山花结构（图9-4），顶部的柱廊多应用西方柱式，建筑立面上会采用西式的窗楣门楣。但建筑内部主要以传统的岭南风格为主，大厅按照岭南风格布置广府家具，顶楼设置传统的烫金木雕神龛，墙壁上的壁画也大多采用传统手法绘制传统内容。

图9-4 西式的山花

中式功能、西式结构：虽然这些建筑吸纳了西式建筑文化，但从建筑的布局可以看出，大部分建筑依旧延续传统功能。建筑平面上采用传统三间两廊的布局，高度上不断增加，采用外来的混凝土和钢筋用于结构支撑。庐居建筑在两侧开门，两边各一个灶台，延续传统民居功能。建筑内部用以祭拜祖先的神龛却采用西式的柱子用作结构支撑。

突破创新、形式多样：马降龙村落群的新式建筑并不拘泥于传统中西方文化的束缚，如西式柱子不一定按照柱式法则修建，而是在柱子的比例或柱头造型上做出变化；中式装饰元素可以随意与西式元素进行融合，如中式的传统题材纹可以与西式莨苕纹结合；建筑用色上也更加喜欢用夸张的色彩，如骏庐顶部的天花采用了丰富的撞色营造绚丽的形态（图9-5）。

图9-5　绚丽的顶部天花

1．骏庐

骏庐建于“民国”二十五年(1936年)，由关崇骏兴建。整个建筑坐东向西，布局为三间两廊，首层面阔11.63m，进深9.8m，占地面积为113.97m^2(图9-6)。楼高三层半，钢筋混凝土结构，平屋顶。红褐色外墙抹浆，窗套装饰讲究，正面窗套贯穿两层。建筑内部拥有大量的装饰，一楼铺设岭南传统的红泥大阶砖用于吸水防潮，从二楼开始铺设进口的花瓷砖，三楼天花上绘制盒状彩画，中间是寿桃和各色花草绘制的“灯影花”装饰，下方勾住煤油灯。三楼柱廊的墙

图9-6　骏庐正立面

壁上也使用传统手法绘制了大量传统题材的壁画。

整体建筑格局十分规整，对建筑进行测绘时发现，建筑正立面的一、二层是一个标准的黄金矩形（图9-7），高度与长度之比为0.619，已经十分接近标准的黄金比值0.618。所有重要的装饰、结构位于这个矩形的黄金分割线上。如果对这个黄金矩形不断切割也会发现同样的结果，所有的装饰都是有组织地分布在黄金分割线上。对建筑的内部测绘时发现，建筑内部三层出现一个标准的正方形，如果在这个正方形中继续做圆切割，会发现建筑中重要的结构都位于这个圆上（图9-8），且建筑内部圆形外切正方形时，正方形对角线与边长的比值为$\sqrt{2}$。

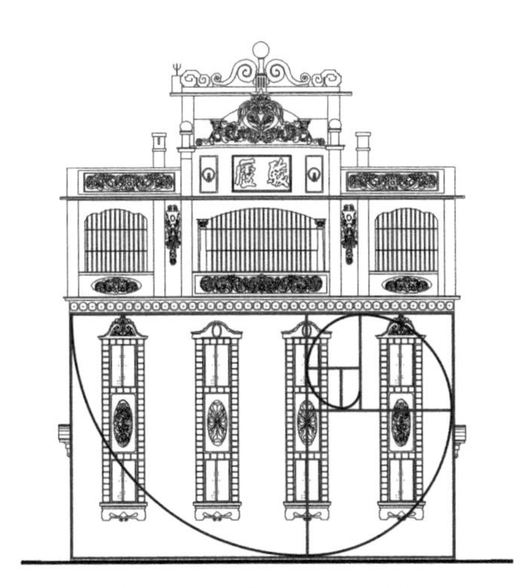

图9-7　外立面的黄金矩形

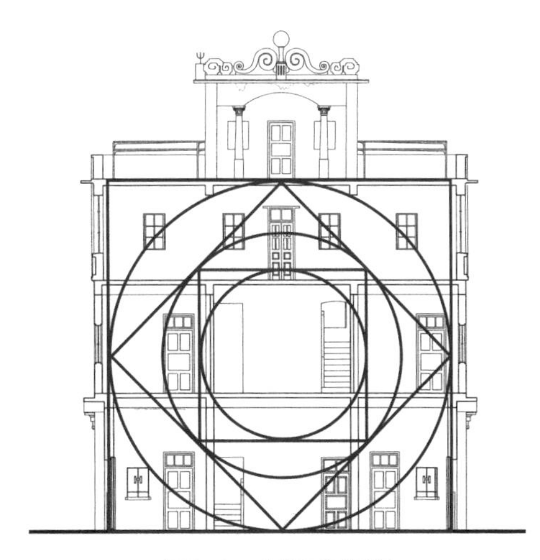

图9-8　内部正圆相切

建筑外立面上的黄金比例，正是借鉴西方建筑中追求数字之美的表现，建筑内部方圆结合则是传承中式建筑“天圆地方”的营造思想。考察发现，骏庐的门额上刻有“民国二十五年，祯记吴波建造”的字样，这是一家位于恩平的本土建筑公司。这些现象表明开平侨乡当时已经熟练掌握中西方的建筑文化，并做了一定的融合创新实践，具有很高的建筑施工技术。

2．林庐

林庐建于民国二十五年（1936年），由关定林从墨西哥回乡建造。该建筑坐东向西，首层面阔11.5m，进深9.72m，楼周边为花岗岩平台，总占地面积为348.31m^2（图9-9）。楼高三层半，平面布局为三间两廊，钢筋混凝土结构，平屋顶。建筑顶部是一段具有明显巴洛克风格的山花图案，下方的匾额上用传统灰塑做出“林庐”两字。五邑侨乡近代出现的庐居大部分在建筑顶部刻写“××庐”，林庐中的“林”字就是取自楼主名字中的“林”字。建筑外墙用红色抹浆，经过近百年的风雨洗礼早已褪色。内部厅房、卧室、厨房等功能用房一应俱全，空间组合紧凑、开敞。

林庐中最值得注意的是三楼神龛上方的老鹰灰塑（图9-10），这在岭南地区并不常见，但老鹰却是墨西哥的国家图腾，考虑到林庐的主人曾有去墨西哥“淘金”的经历，那这个老鹰灰塑就有了恰当的解释。

3．天禄楼

天禄楼是永安里和南安里的29户黄氏家族村民集资兴建的碉楼，建于民国十四年（1925年），位于永安里和南安里之间，坐东南向西北，楼高21m，共八

图9-9　林庐正立面

图9-10　神龛上的老鹰

层，占地面积105.5m^2，建筑面积488.12m^2。钢筋混凝土结构，顶部为四角攒尖式凉亭（图9-11）。天禄楼是一座众楼，一至五层共有29个房间，第六层为枪械和公共活动空间，第七层为瞭望亭，晚上顶层和首层有更夫值守，主要用于避难兼具防匪功能。相传当年土匪常绑架男丁用作卖“猪仔”，让马降龙的村民们人心惶惶，所以集资修建此碉楼，晚上集资户男丁均入住各自房间，其他男丁可寄宿走廊公共空间。该楼名“天禄”，取“天降福禄、保佑太平”之意。除了躲避盗匪之用，天禄楼在为村民提供躲避洪水之所方面也起到了重要的作用。根据记载，1963年、1965年、1968年开平发生3次洪水，潭江水涨漫过村民的房屋，村民纷纷登上碉楼才得以避难。

天禄楼最显眼之处就是顶部具有典型中国特色的亭子，混凝土良好的可塑性

图9-11　天禄楼

使得这个亭子有了很好的向上翘起的条件，为了强调这种向上翘起的形态，碉楼还特地塑造出明显的垂脊，几条垂脊伸出屋顶再高高卷起。这种中式的亭子在形态上减轻了碉楼的厚重感，给人一种飘逸的灵动感。

4．庆临南闸楼及北闸楼

庆临南闸楼（图9-12）和北闸楼（图9-13）是庆临里的两个门楼，由村民集资兴建，其中南闸楼坐北向南，首层面阔4.68m，进深4.29m，占地面积20.07m^2，楼高两层，首层为进村门道，二层为瞭望台。庆临北闸楼坐东向西，首层面阔4.68m，进深5.19m，占地面积为24.29m^2，楼高三层，钢筋混凝土结构。两座碉楼漏额上均用灰塑塑造“庆临里”字样。仔细观察会发现，两座碉楼外墙设置了多处“|”形、“⊥”形射击孔。

图9-12　庆临南闸楼

图9-13　庆临北闸楼

这两座碉楼主要用于值更报警防匪。当年为了防止土匪来袭，村民在村落外围种植簕竹，并修建这两座碉楼让所有人进出。晚上还安排村民在上面值更，检查出入庆临里的行人，保障村落的安全。两座碉楼的顶部均用混凝土塑造出中式的屋顶造型，下方的山花则采用巴洛克的风格，由于建筑不高，有一种敦厚安稳的视觉效果。

9.4 近年来美丽乡村建设

马降龙村落群申遗成功以后，政府对村落群的环境、建筑进行了整治。马降龙村落群的保护现状较好，并没有因为旅游开发或者当地建设造成重大不可逆的破坏，每年开平市世界遗产管理中心都会对碉楼和周边的环境进行监测和整治，并对破损严重的碉楼进行相关的修缮工作。

文化遗产的保护与开发，在实际的操作中其实很难找到相应的平衡点。一方面可以依托这一世界文化遗产创造收益，村民也在保护村庄和从遗产中收益两者中不断徘徊。对马降龙村落群进行调查的几年中发现一些不妥的地方：在对村落群进行开发的过程中，以一条“最佳游览路线”将五个自然村从后面贯通，以便游客进行游览，但这种做法却将村落后面的碉楼与村落其他民居的联系切断，也打破了各村庄之间的界限；随着游客的增加，村民也希望依靠旅游给自己带来收益，在村落中私搭乱建用于售卖货品，或在村落后面新建农庄用于餐饮，破坏了村落环境的协调性。

9.5 代表性的人物及文化

9.5.1 代表人物

林庐的主人：关定林，在清代晚期前往墨西哥，与家人开办了关氏百货公司，于1920年回到赤坎镇经营大米生意，后来还在广州开了四间商铺，并创办了时明织造厂，是一名出色的商人。

9.5.2 代表文化

江门有着“中国第一侨乡”的称号，其下辖的开平、台山、新会、恩平、鹤山五个县级市有着大量的华侨。近代以来，大量华侨带回了国外的文化，逐渐形成独特的五邑侨乡文化。五邑侨乡文化最典型的特征就是中西合璧，其表现在建筑上就是出现大量中西合璧的碉楼、庐居、新式学校、新式祠堂等。

9.6 结论与展望

马降龙村落群是五邑侨乡中典型的华侨新村代表，集中反映了江门的侨乡文化和中西融合的特征。于2001年6月被公布为全国重点文物保护单位，2006年4月荣获“中国最值得外国人去的50个地方”金奖，2007年被正式列入世界文化遗产名录，2017年被列入国家第四批传统村落名录。

马降龙村落群是侨乡中一个极具代表性的村落群，高耸的碉楼反映了侨乡近代动荡的历史，精美的庐居是华侨荣归故里的见证，整齐的村落群布局是早期学习西方文化的结果。村落群在2007年被列入世界文化遗产后，政府、企业、村民对马降龙传统村落群做出了相应的保护与利用。在保护好遗产的同时需要合理地利用其价值，让人们更好地了解其独特的侨乡文化。

第10章 东石善村

缘起商道 傍水依山 错落有致 粗犷典雅

——河北省邢台市北小庄乡东石善村

10.1 引言

在河北邢台太行山麓有一条贯通东西的骡马古道，是古代一条十分重要的商道，古道附近形成了大大小小的村落，其中，在太行山东麓的中低山地带有一村落，域内山峦起伏，河沟纵横，白马河由北向南贯穿全村，平均海拔400m，被称为村子。数百年来，东石善村村民利用骡马古道发展商业，到了清代中期积累了一定的财富并建造了这个错落有致的村子。据老一辈人回忆，村内最早明确记载的定居信息可追溯至宋代。现存的东皋、北皋、三官庙、古戏楼等标志性的清代中期建筑以及大片依山而建、错落有致的青石老宅，展现出了独特的古村落风貌。

相传在建村初期，妖魔作怪常发洪水，村民万般无奈之下，祈求苍天保佑，天庭派哪吒率领天兵天将下凡镇水，两员天兵与一红一白两匹天马因捉妖救民而身负重伤，最终化作四块巨石留下来与民相伴，人们为了纪念他们，歌颂他们的善良事迹，因此取名石善村。后因乡村名字重叠，该村庄在1982年改名为东石善村，沿用至今，并于2019年6月入选第五批中国传统村落名录。

10.2 村落概况

10.2.1 区位交通

东石善村隶属于河北省邢台市北小庄乡，位于邢台市西北37km处，与北会里村隔河相望。村庄周边多为山地丘陵，其范围东至凌霄山西麓大石岩，西至老雅寨山东麓庄沟（北石善沟源头），北至北石善沟、马连沟及北沟的北岭一线，南至王八脑沟南岭。东西最长8km，南北最宽4.5km，村域总面积达4.8km^2，邢昔公路贯穿村庄南北，交通便利。村内大致分为两块区域，东部为古建筑风貌区，西部为新建建筑区（图10-1）。

图10-1 基地卫星图

10.2.2 历史沿革

东石善村历史悠久，可以追溯到距今1800年的东汉时期。东石善村东边的凌霄山山势险峻，相传东汉末年张角率领的农民起义军曾在此安营扎寨，招兵聚将，宋代元丰年间，又相继在此建立凌霄寺庙、南寺塔等诸多建筑。因此，至今山上仍有点将台、练兵场、八角琉璃井、水牢及张角部将马龙、马虎之坟墓，在村域内的东西两座山峰之巅，各建有屯兵练武山寨，据考证，应为宋朝岳家军与金兵交战时的遗址。

在村东土地庙前柏树上曾悬挂着一口宋代元丰年间铸造的铁钟（20世纪70年代损坏丢失），上面刻有在此定居的18户人家捐款建庙的情况，有杨氏、霍氏、田氏等，这是现存最早的村庄定居信息。而后在明初年间，爆发“靖难之役”，中原多地几乎成无人之地，于是明政府实行移民政策，将山西汾河流域百姓向此处移居。数百年来，各姓村民在这片土地上一直和谐相处，安居乐业。

清代中期，村民合力打造标志性建筑，村落建设初具规模，大体形成“五街三巷”的格局。20世纪90年代，为了解决部分村民住房困难问题，村委会在村西“十八亩地”为26户村民统一规划了宅基地，自此，村落面积向四周扩展一倍，并形成了现有的村庄格局。

10.3 整体布局及特色建筑

10.3.1 布局特征

东石善村西边为山，东边为河，村庄内部为五街三巷的布局，由大街、前街、后街、南头街、北头街与刘家巷、王家巷、后巷交叉分隔而成，古井、古磨点缀其中，这一格局在明代永乐年间便形成并影响至今。东皋、北皋为进村主入口，由于格局确立时间较早，因此相比较现代乡村来说，尺度较小，道路较为拥挤。大街、前街等都是由大青石板铺砌而成，为村内主要的交通干道，村内许多传统建筑都安置在道路两旁（图10-2）。整体来看，村内建筑布局相对均衡，村庄的空间环境平铺在山谷之间，又受到白马河的影响，人与自然和谐相处，依托山水，尊重自然（图10-3）。

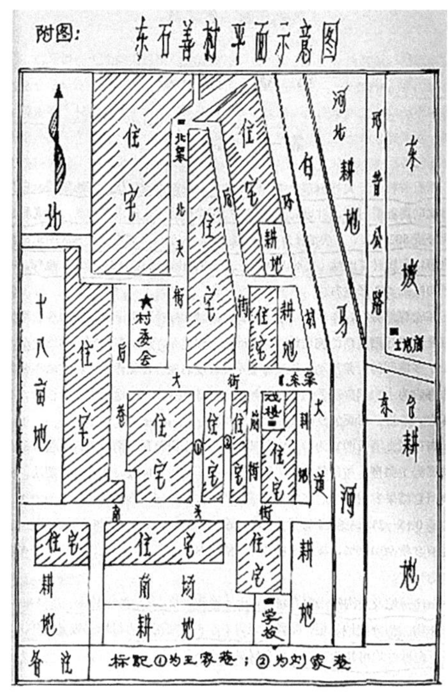

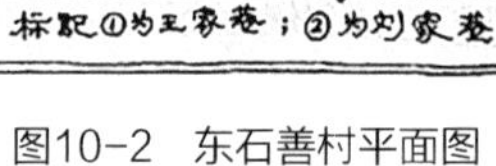

图10-2　东石善村平面图

图10-3　东石善村航拍图

10.3.2　建筑风格特色

东石善村的住宅主要为二层民宅和一层民宅，二层民宅多为平顶（图10-4）。据村志记载，在传统楼房中除主屋是三层外，其余都是两层，楼房内的一端设有木质楼梯，二层房屋多数留有与配房屋顶连通的门，便于晾晒粮食。但在村内，并没有发现三层的平屋顶楼房，仅有李家大院三层为一小屋，大多为二层主屋，一层配房。东石善村的一层民宅都为平顶房，承重全是木质结构，四梁八柱，檩椽承重，上面铺设苇秆、木屑、杨叶，然后上土，用白灰砂浆打顶，为解决保温问题，有的还会在房顶上加铺一层土，再抹一层水泥。

民宅多为四合院，主房与配房中间留风道，宅基地比较富裕的多是三明两暗带甩袖外挂前檐，并有二进院、三进院等，在东皋入口处保留最为完整的李家大

图10-4 平屋顶

院便是三进院制，其旁边的李家中院为二进院制。在住宅建筑中，百姓对于门楼较为重视，每座院落不仅拥有一个进院子的大门楼，甚至每间房子也会设置一座相对较小的门楼，并镶嵌精美图案来彰显地位和身份（图10-5）。

古房子还有一个明显的特点，便是每家每户的房子外围都会有骑马墙（图10-6），俗称峦马墙。富足人家的骑马墙上半部分用砖砌，有的骑马墙的两端会用砖砌成三角状，中间部分用花纹墙来修饰，多镂空十字形。而一般人家的骑马墙没有这么多的讲究，都是用石头垒的，再在上边拔房檐，显得房屋高大，寓意着“要想好，房要高”的民间说法。建造房子所用的主要材料为石头，墙体由两层构成，外层用较大的整块石头砌成，内层用小平石头垒成，中间用泥浆灌缝粘合，因此墙体较厚，保温性能良好。

图10-5　门楼及装饰

图10-6　骑马墙

10.3.3　主要特色建筑

村内遗留的最有特色的建筑主要有三官庙、李家大院、东皋、北皋以及戏台，点缀于村落各处，体现出东石善村的建筑特点及民风民俗。

1．三官庙

所谓三官庙是村民供奉三元大帝的庙宇，三元大帝即上元天官、中元地官及下元水官。供奉三官是太行山古村落的一个普遍现象，许多古村落都有供奉三官的习俗。东石善村的三官庙是一座阁楼建筑，一层为村东大街的入口，用长石砌成的石拱门，即东皋；二层为三元庙，入口为砖石楼梯，置于建筑一侧。整个三官庙的主体由砖石与木材搭建而成，三开间，屋顶形制与民宅不同，采用的是中国传统古建的斜屋顶，造型优美，做工精致。(图10-7)。

2．李家大院

中国古代的望族与村落往往相伴而生，村落孕育了望族，望族建设、改造、反哺家乡，留下众多历史人文遗迹和特有的地域文化景观，是地域文化的活化石，在文化人类学、文化遗产、人文旅游等方面蕴含价值，对美丽乡村建设具有借鉴意义。

东石善村有多户李家大院，由此可知当年李家在东石善村的实力及地位。在村庄入口，大街北侧，有一座李家大院，由三组相连的院落组成，这是东石善村保留最为完整、最为精美的太行古院落。其由东到西分别为一进制、二进制、一进制院落（图10-8），分别被称为李家东院、李家中院、李家西院，李家大院的历史可以追溯到清代。

李家中院是规模最大的，单从门楼上看，十分高雅大气，门楼两侧镶嵌着砖

图10-7　三官庙

图10-8　自右向左：李家东院、李家中院、李家西院

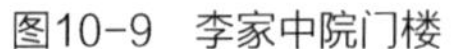

图10-9　李家中院门楼

图10-10　门楼

雕，图案精美，再上方都是挑檐铺瓦，十分的考究（图10-9）。大门是木制对开两扇，内部是四梁八柱结构，檩承重，坚固耐用，由大门进入，正对门口的是一个“小门楼”（图10-10），几乎每一个院落入口的影壁都会有一个这样的装饰。进入院内是青砖铺地，彰显主人身份尊贵，东西两侧是用当地石材砌成的房屋，灰色的墙面，黑色的窗框，显得苍凉而古朴（图10-11）。再进入下一进院落，正房是一个二层小楼，坐北朝南，黑色门梁下有着精美的图案，窗户小而精致，二层房屋加上骑马墙的高度，显得房屋十分高大。左右两个配房，基本是一样的规制，同样是精美木刻做墙，抬脚几个青石阶，拉高了主房的高度。三个大院都设有侧门互相连通，遇到红白喜事和逢年过节，侧门打开，人员互相往来，家族关系更加紧密。

3．东皋和北皋

东皋，即古村落的东门，十分完整、巍峨，展现出古村落的魅力；北皋即古

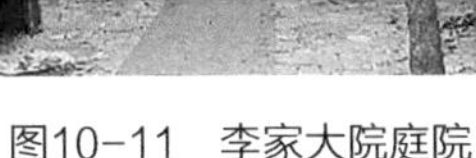

图10-11　李家大院庭院

图10-12　北皋

村落的北门（图10-12），它没有东皋复杂，仅有一层。两个大门主要由石材垒成，留有拱形门洞，尺度较小，车辆无法通行。尽管它们十分破旧，但作为古村落的入口，年代感十足，别有一番老味道。

4．戏台

村子东皋旁边是戏台（图10-13），相传由李家修建于清代，古戏台约25m²，已有160年历史，是村子里代表性的建筑之一。它以石头为基，木材搭建，主体完整，但也破败不堪，摇摇欲坠。近几年，村里对其进行了翻修。戏台主体结构为三段式，包括屋顶、柱子及地基，屋顶为卷棚形式，舒展轻巧，承担了村子里社戏演出功能，在以前，每逢过年、过节，初一、十五便在戏楼唱戏，正月十五放烟花。

图10-13　戏台

10.4 结论与展望

东石善村作为非物质文化遗产，是当地人在生产生活过程中受地理环境以及人文环境影响而创造的精神财富，其建筑形态、空间布局、装饰符号等都与非物质文化遗产相映射。例如，当地因为少雨而以平屋顶为主要的建筑形制，祝福家庭节节高而用寓意着美好的骑马墙来装饰屋顶等这些特点，共同形成了东石善村的整体文化风貌和场所精神，留下了特点鲜明的传统建筑，是巨大的财富。

东石善村的综合发展也是极具潜力的: ①从文化上看，乡村振兴战略为中国传统村落提供了重要的政策支持，红色文化与望族文化是不可多得的文化资源，不仅能为乡村提供具有特色的旅游条件，更是可以培养社会主义核心价值观及文化信心。而东石善村作为传统古村落拥有悠久的历史，又拥有红色文化与望族文化，极具开发潜力；②从建筑上看，李家在东石善古村落创造了丰厚的文化价值，而且李家大院是现代新农村建设的重要资源，研究李家与东石善村的互动关系可为传统村落文化的研究打开一个综合性的视角，如果能够有效合理地保护遗产并深度挖掘内在的文化特色并注入新的活力，将能够有效的延续其生命力，实现传统村落的活化。

第11章　老街社区

客出龙泉　枕山抱水　结庐会馆　一街七子

——四川省成都市龙泉驿区洛带镇老街社区

11.1　引言

洛带老街社区位于“天府”成都的龙泉驿区，地处洛带古镇的中心地带，第四批列入中国传统村落名单。整体地形东高西低，处于平原与山区的交接带，是成都平原下风下水地带。老街社区历史悠久，风景秀丽，体现了客家文化，同时也是湖广填四川的见证。其所在的核心景区是成都近郊保存最为完整的客家古镇，享有“天下客家第一镇”的美誉，是洛带古镇的中心地带，是由一街七巷子、三会馆一公园构成的历史村落（图11-1）。

图11-1　洛带古镇

11.2 社区概况

11.2.1 区位交通

洛带老街社区位于成都市东郊龙泉驿区洛带镇的核心地带，北邻玉带街，南靠三峨街，西面府兴街，东近成环路，地处龙泉山南麓，龙泉驿区北部，西距成都17km，占地面积1200hm^2（图11-2）。

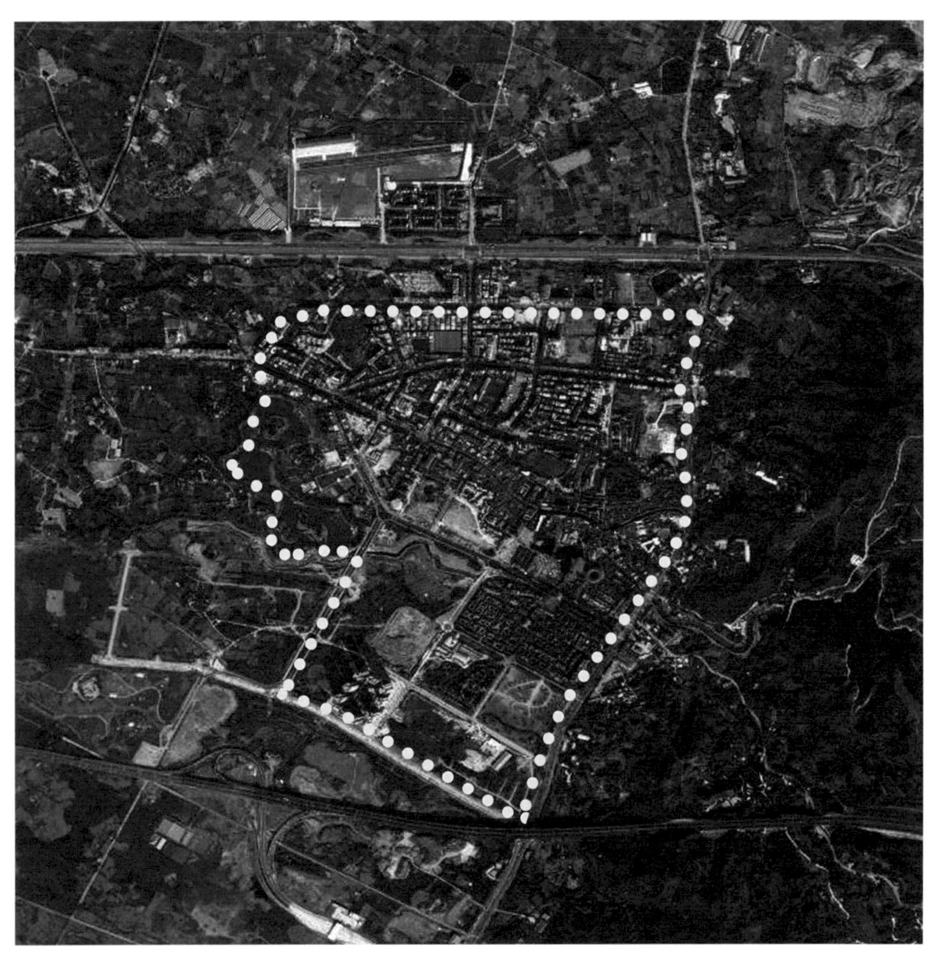

图11-2 洛带古镇卫星图

11.2.2 历史沿革

洛带老街历史悠久，秦国灭蜀国安置蜀郡时，洛带就被划为成都县管辖。相传洛带在三国时就有街，名“万福街”；后诸葛亮兴市，更名为“万景街”。唐贞观十七年（643年），分成都县东置于蜀县，洛带属于蜀县。唐久视元年（700年）分蜀县广都置于东阳县，洛带隶属东阳县。北宋皇祐年间（1049—1054年）《灵泉县圣母堂记》中称“洛带”为镇；北宋熙宁七年（1074年）张溥所撰《灵泉县瑞应院祈雨记》载：“府之邑灵泉，而邑之镇曰洛带”；北宋元丰年间（1078—1085年）的《元丰九域志》（卷七）中明确记载成都府灵泉县辖“一十五乡，洛带、王店、小东阳三镇”，因而洛带在宋初已成为地区性集镇，实为“千年古镇”。明洪武六年（1373年），洛带归于简阳县管辖。明末清初时期，来自外地的客家人因“湖广填四川”移民运动在四川洛带扎根。1955年定名为洛带区。1976年，划归成都市龙泉驿区。2003年11月，洛带街道第一居委会、第二居委会合并改为老街社区。

11.3 特色建筑

沿街是典型的客家民居，基本上保留了清代的建筑风格。街道呈东西弯曲走向，长约1km，街面宽8m，路面为青石板。街道两边商号林立，铺面之后多为深宅小四合院。平房以土坯墙木质穿斗房、单檐硬山式、小青瓦为主，屋脊饰以中花和鳌尖，窗户是木质雕花窗（图11-3～图11-5）。

图11-3 老街风貌

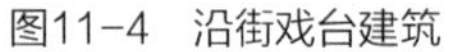

图11-4　沿街戏台建筑

图11-5　沿街商铺建筑

11.3.1　广东会馆

广东会馆是洛带古镇的标志性建筑，坐落于洛带老街的上街南侧，建筑面积2500m^2，占地面积2700m^2。广东会馆是中国现存规模最大最完整的会馆之一，其建筑风格是四川少有的风火墙建筑。清乾隆十一年（1746年）由广东籍的客家人捐资兴建，因佛教禅宗的创始者六祖慧能，又名“南华宫”。之后遭遇火灾，烧毁了主要的殿堂，仅存大门戏楼和前院坝两边的厢房耳楼。清光绪九年对全馆进行全面的修复。广东会馆坐北朝南，主体建筑由戏台、乐楼、耳楼及前中后殿组成，呈中轴线对称排列。广东会馆大殿石柱上有多副楹联，其中“云水苍茫，异地久栖巴子国；乡关迢递，归舟欲上粤王台”最能反映出客家移民拓荒异乡、艰苦创业和思念故土之情。现代客家国家一级画师邱笑秋为广东会馆创作并悬挂于其中堂的一副对联“叭叶子烟品西蜀土味，摆客家话温中原古音”，描绘了客家人在四川生根发芽后又与巴蜀文化相融的画面。又以“宁卖祖宗田，不丢客家言”的祖训表现了其顽强不屈的精神特质（图11-6～图11-10）。

图11-6　广东会馆外墙

图11-7　广东会馆内巷

图11-8　广东会馆风火墙

图11-9　广东会馆中殿

图11-10　广东会馆耳楼

11.3.2 湖广会馆

湖广会馆又名禹王宫，位于洛带镇老街社区，坐北朝南，建筑面积8561m²。由湖广籍移民于清乾隆八年（1743年）捐资修建，供奉大禹，是清代填川湖广（今湖南、湖北）人的联络据点。湖北会馆内的天井虽然没有下水道，但即使街外涨洪水，馆内也不会有洪水侵入，此为湖北会馆的一大奇迹所在。湖广会馆整体布局为中轴对称布局，由中后殿和左右厢房、戏台、牌坊、耳楼构成。会馆于民国元年（1912年）毁于火灾，民国二年（1913年）重建（图11-11）。

图11-11　湖广会馆

11.3.3 江西会馆

江西会馆位于洛带镇江西馆街，原名“万寿宫”，坐北朝南，建筑面积2200m^2，由江西籍客家人于清乾隆十一年（1746年）捐资兴建，供奉赣南乡贤神祇“许真君”，为清代填川江西人的联络据点。江西会馆呈四合院布局，主体建筑由牌坊、大戏台、民居府和一个小戏台构成，在中殿之后的天井里还有小戏台，这种布局为江西会馆独有。江西会馆的整体结构布局和其建筑风格都颇有价值（图11-12、图11-13）。

图11-12　江西会馆

图11-13　江西会馆戏台

11.3.4 川北会馆

川北会馆原位于四川成都市卧龙桥街，始建年代不详，重建于清同治年间，2000年5月，迁建至龙泉驿区洛带镇，工程占地面积3300m^2。川北会馆作为洛带的“四大会馆”之一，重点反映了川北移民在成都保留下来的文化和历史。现存正殿和万年台。正殿台阶高0.6m，通面宽22.5m，进深17.5m。殿内有刻工精美的各类花卉图案，房顶用筒瓦覆盖，以镂空龙凤陶砖为正脊。万年台的高度大约为正殿的一半，两相比照，构成一种参差之美（图11-14）。

图11-14　川北会馆

11.3.5　巫氏大夫第

巫式大夫第由巫式入川后的第二代传人巫作江始建，约为清乾隆末至嘉庆初年间建成，建筑面积3200m^2，因巫作江曾经被清廷“赠为奉直大夫”而取名为“大夫第”。巫氏大夫第在清代走出6个大夫、2个儒林郎、4个清例贡生、1个进士、11个国学士，1人获五品军功。2016年7月，巫氏大夫第被列入成都市第六批历史建筑保护名录（图11-15）。

11.3.6　字库塔

字库塔位于老街的街口，又称“字库”或“惜字宫”，是古人专门用来焚烧

图11-15　巫氏大夫第

字纸的建筑。据史料记载，字库塔始建于宋代，到元明清时已经相当普及了。塔龛中多供奉仓颉、文昌、孔圣等神位并配以相应的楹联、吉祥图案等，别致精巧（图11-16）。

图11-16　字库塔

11.4　近年来美丽乡村建设

目前的古镇发展具有一定的同质性，风格千篇一律，若想走可持续发展的道路，就必须结合自身的文化和特色，建立一个古镇特有的发展理论，并做到自然、地域、人文、历史的有机结合、共同发展。洛带古镇以其独有的客家文化特色和悠久的历史，吸引了一大批的海内外游客。同时，在当下的旅游景区发展中，古镇将其独特的建筑风格和源远流长的历史文化，作为一种资源进行开发利用，并成为一种新的旅游类型。

11.5 代表性的人物、传统、文化

11.5.1 代表人物

洛带老街人杰地灵，培育了许多的优秀人物，明末清初发生了“湖广填四川”的移民运动，这段历史让许多来自异地他乡的客家人在四川洛带生根发芽，经过数百年的发展，在洛带古镇形成了独特的客家文化和风俗。

1．巫作江

巫姓客家人，始祖巫罗俊，是巫式家族在洛带的主要商贸创业者，在海内外都享有很高的声誉。6岁时跟随其父入川，13岁投奔其叔父并经商，他为整个巫氏家族在洛带的崛起和辉煌奠定了十分重要的经济和物质基础。

2．刘子华

四川简阳（今成都市）洛带人，生于1899年，著名科学家，1919年赴法国留学，是中国最早到法国留学的人员之一，毕业于巴黎大学，并获得了巴黎大学博士学位，在西方与科学家哥白尼齐名，著有《八卦宇宙与现代天文》。他将毕生的心血投入天文学的研究，是将中国传统的易经八卦与现代科学相结合并取得重大研究成果的先驱。他运用易学八卦原理推理出太阳系的第十大行星，这一推测是中国科学家将传统的太极八卦图与科技结合所做出的震撼世界的卓越贡献。

3．白德松

洛带镇大院村人，生于1938年，现任四川美术学院教授，中国美术协会会员，是川美1988年组建中国画系的首任系主任。其作品曾多次参加全国美术展览及国外大型美术展览，并荣获了省级教学成果一等奖，“四川省优秀研究生指导

教师”“四川省有突出贡献的优秀专家”等称号。数十年间投身于美术高等教育事业，并培养了大批的优秀人才。同时他一直坚持艺术创作和创新，成果优异。

4．王叔岷

王叔岷1914年出生于简阳县（今成都市东郊洛带镇下街），历史语言学家、校雠名家，研究方向主要为先秦诸子、校雠学。1933年考入国立四川大学中文系，后又在北大文科研究所攻读硕士，师从傅斯年、汤用彤等，毕业后在中央研究院历史语言研究所工作，1948年随历史语言研究所迁至我国台湾地区，著有《史记斠证》《庄子校诠》。

11.5.2 非遗项目

老街社区有客家龙舞（省级非遗）、客家婚俗（省级非遗）、客家水龙节（省级非遗）、东山客家话（区级非遗）以及客家祭祖仪式（区级非遗）等非物质文化遗产。

1．客家龙舞

客家龙舞是四川省的非物质文化遗产，历史悠久，洛带的客家龙舞以“刘家龙”最为盛名，其得名于参加舞龙的都是江西籍客家人中的刘氏家族。刘家舞龙延续了大量中国古代舞龙最古老的仪式和程序。刘氏家族在洛带古镇居住历史长达300余年，同时在古镇通过舞龙来欢庆节日也有长达300多年的历史。舞龙者皆赤裸上身，只穿一条短裤，上下腾挪。观赏者用烟花喷龙，前后追堵。烟花是财运的象征，烧得越红火，则财运越旺。

2．客家水龙节

客家水龙节是第五批四川省非物质文化遗产代表性项目。古时，客家人在每年夏季以舞水龙祈求雨水和丰收，相沿成习，后随“湖广填四川”带到洛带，并逐渐演变成“客家水龙节”。洛带“客家水龙节”自1948年举办以来，有着300余年历史的“刘家龙”，也在最初两支男子舞龙队基础上，逐步增加了女子舞龙队、娃娃舞龙队和板凳舞龙队。

3．客家婚俗

客家婚俗是四川省非物质文化遗产代表性项目。洛带客家人的婚姻习俗掺杂了大量的民间歌谣，以及一系列的地方性仪礼法则。随着人们生活水平和认识水平的提高，其中一些旧的礼俗、过于繁琐的细节已经慢慢消失了。取而代之的是文明和实用的风俗。传统婚俗次序为“合八字、过礼、杀喜猪、哭嫁、上头开脸、迎亲送亲、拦媒、谢媒、拜堂、闹房、回门”。

11.5.3 传统民俗——狮灯

狮灯，主要由4人表演，其中2人扮演狮子，1人扮演笑和尚，1人扮演猴子。另有灯击乐队（秧歌锣鼓）、执灯者若干人。扮演狮子者，前1人掌握狮头，后1人躬身支撑狮体。笑和尚，头戴面具，上身反穿裘皮衣，一手执芭蕉扇，指挥狮子表演，并做出各种逗戏狮子的动作。猴子，头戴面具，穿紧身服装，腰扎板带，表演侧翻、平翻、前后滚翻、倒立走路、地蹦子等动作，亦与笑和尚、狮子逗趣，举动如猢狲，常爬高竿取拿红封，并做倒挂金钩式落地。狮灯分平台和高台两种，平台系地面表演，高台又称翻五台，一般用5张（多可到12张）方桌重叠，笑和尚、猴子、狮子依次翻登至顶端，表演各种惊险动作。狮灯有各种阵法，似今之哑剧，一般由猴子与笑和尚破阵。现代的狮灯，讲究造型的完美与逼真。狮子头大，色彩鲜明，口能开合，眼睛可睁闭，狮身通体黄色的人造长毛，不露人腿脚，如真狮一般。

11.6 结论与展望

在当下社区参与旅游发展作为可持续发展和美丽乡村建设的背景下，洛带老街社区应当更加科学合理地保护其整体的建筑风格、结构布局、自然景观、传统文化，使之得以可持续地发展。整个区域内的旅游资源丰富，加之周边景点如博客小镇、中国艺库、洛水湿地公园等给古镇又带来了不少新的文化内涵和艺术气息。洛带老街社区在日后的规划与建设中应当更加凸显其洛带古镇核心区位的优势，更加彰显其独特的客家文化和传统。

第12章 青山渔村

渔家村落　碧海青山　道教圣地　世外桃源

——中国沿海最美村庄崂山青山渔村

12.1 引言

2012年，有着“民俗风情博物馆”之称的青山渔村被列入了我国第一批传统村落名录，并被冠以“中国沿海最美渔村”的美誉。青山渔村是典型的北方沿海渔村代表，村庄风貌与民俗传统保护较好，当地村民靠海吃海，渔业文化繁盛。渔村卧于山脚，背山面海，冬暖夏凉。民居建筑依照山形走势而建，层层叠叠，错落有致。红瓦绿树，碧海蓝天，使得当地成为游客假日旅游、体验渔家生活的绝佳去处（图12-1）。

12.2 村落概况

12.2.1 区位交通

青山渔村位于山东省青岛市崂山脚下，隶属王哥庄街道，靠近著名的崂山太清景区，当地交通设施完备，除设有618号景区专线客车外，还邻近396省道，出行便利。

村庄周边山势绵延，草木丰茂，三面环山，一面向水，村居建筑顺山脉之势，自然地融入山脚，呈明显的阶梯状分布，空间视线开阔（图12-2）。

图12-1　中国沿海最美乡村

图12-2　青山渔村远景

12.2.2 自然环境

青山渔村背靠山窝、面朝大海的村落格局体现了早期沿海渔民选址建村的智慧，一方面有崂山作为村庄的屏障，可阻挡自北席卷而来的冷风，另一方面由于受到黄海的海洋作用，很大程度上缓解了当地夏季的暑热，形成了一个温度相对稳定、宜人居住的空间环境，并呈现出春冷、夏凉、秋暖、冬温的气候特点。当地的农产品在这种优越自然条件的滋养下，长势繁茂，为渔民带来了颇丰的收入。此外，以山芹、野韭、柳蒿芽为代表的各种野菜也被当地人作为“山珍”端上了款待外地游客的餐桌，成为不可多得的乡土美食。

12.2.3 历史沿革

因此处绿树成荫、草木茂盛，放眼望去，山峦葱翠，故将此地命名为“青山村”。建村历史最早可追溯至明朝，当时沿海地区频繁受到倭寇的侵扰，于是朝廷派遣军队在崂山脚下沿海岸线设置了诸多军事驻点，后随着兵防的不断加强，人口增多，逐渐有了村庄的雏形。由于渔村及周边地区地势起伏较大，山路崎岖，过去未进行旅游开发时，游人难以到达，这使得青山渔村在发展过程中没有受到外界过多的干扰，小渔村的风情也完整地保留下来。

青山渔村十分重视宗族文化，村庄内建有唐家祠堂、林家祠堂、刘家祠堂。这些祠堂虽历经百年，尽显沧桑，但其中所体现的宗族与家风文化是不可磨灭的。

12.3 特色建筑及景观

青山村别具一格的自然风貌与乡土气息浓厚的历史文化是吸引游客的主要原因，当地面海背山的地理位置和沿海地域独特的自然环境共同影响着民居建筑形制的发展，并使其在建筑外观及布局上呈现出显著的地域性特点。此外，青山村作为距离崂山与大海最近的村落，从文化层面来看，它在立足于乡土渔业文化发

图12-3　青山渔村正面

展的同时又受到道教文化的熏陶，因此当地既有体现渔业文化的狐仙洞、龙王庙等民俗景观，又有以太清宫为代表的道教建筑；从景观资源层面来看，青山村背靠典型的山岳型旅游地崂山，又拥有素有“地质博物馆”之称的7.2km基岩港湾型海岸线，村庄区域内地势起伏变化，形成了青山、梯田、渔湾、海港、海洋等多种旅游观赏资源。得天独厚的自然风貌与乡土性的历史文化，最终使得风光旖旎的青山村在众多村落中脱颖而出（图12-3、图12-4）。

图12-4　青山渔村侧面

12.3.1　特色建筑

1．民居建筑

青山村北、南、西三面环山，民居建筑面朝东侧的大海，这样既保证了民居建筑的采光质量，也实现了空间视线的开敞。村庄位于坡地之上，高差明显，村民依据地形走势来确定民居建筑的位置，远远望去，民居建筑错落有致，并呈现出明显的阶梯状分布特点，在整体上与本地地理环境完美契合，实现了建筑美与自然美的结合。村内的民居建筑多为二层小楼，一楼因视线封闭，日照不足，通常作为储藏空间或沿街商铺使用，二楼则作为日常居住的空间。民居建筑立面底端设有毛石基础，具有抗冻、耐潮湿的优点，墙面以花岗岩石砖作为主要美化材

图12-5　古民居建筑

图12-6　建筑立面

料。过去生活相对富裕的家庭都会安装厚花窗与木板门。近些年，随着当地经济的不断发展，民居建筑开始安装玻璃窗与不锈钢门。民居屋顶采用麦秸铺盖，上覆红色瓦片，防寒耐暑，坚实稳固（图12-5、图12-6）。

2．林家祠堂

林家祠堂是青山村现存最为完整的一座祠堂，位于村庄的南部。据当地老人讲，在他们父辈幼年时，祠堂就已建立，距今已有近百年历史。祠堂西宽东窄，大致呈三角状，西侧设有大门。院内房屋在“文革”时期遭到严重破坏，悉数被毁，仅存的院落早已荒废破败，现在只能通过入口处的门楼辨识出祠堂的位置。

近年来，当地有关部门开始重视村内古建的保护，出资对村庄古宅、古桥、碾台、祠堂等进行维修，通过修缮古建来守住当地的文化记忆（图12-7、图12-8）。

3．太清宫

《齐记》中曾写道“泰山虽云高，不如东海崂”，崂山百里之内，道观庙宇星罗棋布，其中历史最久、规模最大的道观当属太清宫。太清宫建于西汉，经唐宋时期的不断修葺与扩建达到了现在的规模。

太清宫，占地面积近30000m^2，建筑面积达2500m^2，由三个大殿、四个配

图12-7　林家祠堂外部

图12-8　林家祠堂门楼

殿、长老院及客房等组成。三个大殿分别为三清殿、三皇殿及三官殿，三清殿供奉的三清尊神是道教最高神的统称；三皇殿供奉伏羲、轩辕氏、神农三皇；三官殿供奉天、地、水三官。每个大殿都配有山门，大殿与大殿之间有便门及甬道相通。太清宫正门前，立有一面四柱三门式的“太清牌坊”，古朴秀丽，高近8m，宽约16m，由底座、立柱、额枋、字板组成。至今，太清宫的庙宇仍保留着宋代建筑的风格，整体给人一种清逸雅致之感，体现了道家清净、内敛的特性。

4．西京仙府

西京仙府，即当地有名的狐仙洞，位于崂山华严寺东北坡方向。据当地老人讲述，沿洞口可进入后山腹地，在抗战时期曾被作为兵工厂使用。沿狐仙洞洞口窥去，可见洞内设有一座袖珍小庙，约半人高，里面供奉着“胡三太爷”的神位。

5．古石碾

青山村内现保留着1处古石碾，石碾作为历史悠久的传统农业工具，在过去的农村比较常见，主要由碾台、碾砣、碾棍三部分组成。可以用石碾去除各类谷物的外壳，也可将各种谷物碾磨成粉食用（图12-9）。

图12-9　古石碾

图12-10　台阶巷道

12.3.2　特色景观

1．青山街巷

青山村高差较大，民居建筑呈阶梯状分布，作为串联民居建筑的街巷道路按照坡度大小可大致分为三种类型：第一种是与村庄地形等高线平行的巷道，路面平缓，便于人车通行；第二种是坡道型巷道，地面有明显坡度，可供非机动车通行；第三种为台阶式巷道，台阶多由石板铺就，道路高差大且狭窄，仅供行人通行。青山街巷受到地形地势的限制，道路蜿蜒曲折，宽窄不一，穿行其间，极具趣味（图12-10）。

2．渔业码头

村庄东面有一处青山湾码头，是当地渔民日常作业的场地，码头视线开阔，自此处向西可将整个青山村的美景尽收眼底。码头停驻着不同规格、种类的渔船，场面十分壮观。赶上出海捕捞的渔船回港时，又是一番热闹的场面，渔民们将捕获的海产品搬运到岸边，游人可以在此购买后再到附近饭店加工，即可品尝到最鲜美的海味。码头南侧有一片粉红色海滩，由各种贝类的外壳堆叠而成，因其独特的色彩吸引了众多游人前来打卡（图12-11、图12-12）。

图12-11　渔业码头

图12-12　粉色沙滩

3．茶园梯田

青山村临海，多为山地丘陵，且土壤偏碱性，不适合大面积种植粮食作物，因此，在20世纪80年代初，当地人便从崂山林场引进茶树苗，开始种植茶叶。由于地形的限制，多为小面积、阶梯式种植，种植范围多沿旅游线路分布，游客一进入村子就能欣赏到茶园梯田的美景。

当地盛产的崂山茶在“串山雨”“临海雾”等特殊环境的滋养下，品质优良，成为村庄内的主要经济产物。同时，村子还在收茶季开展一系列的茶叶采摘活动，吸引了许多游客前来体验，这也为崂山茶叶起到了很好的推广作用（图12-13）。

图12-13　茶园梯田

12.4 特色民俗

12.4.1 甜晒鱼

甜晒鱼是我国东部沿海地区的一种特色美食，凭借外干里嫩、筋道鲜美的口感广受外界好评。每逢初冬时节，家家户户都开始忙着晾晒鱼干，鱼的种类以鲅鱼、刀鱼、黄花鱼为主。“甜晒”实际上指的是沿海地区的一种传统加工工艺，早期渔民出海为了能更好地储存捕获的水产品，就将打捞上来的鱼先在船上进行简单的处理，再放到海水中冲洗，接着放置在阳光充足的地方晾晒风干。这样得到的鱼干别具风味，回味无穷。

12.4.2 面塑

面塑是崂山地区世代相传的传统手艺，已有近百年历史，曾入选第二批区级非物质文化遗产名录、第四批市级非物质文化遗产名录。崂山面塑多以传统的、具有美好寓意的“龙凤呈祥”“八仙过海”“花开富贵”为题材，色彩鲜艳，生动活泼，是一种结合地域文化及生活习俗的乡土特色工艺，并具有鲜明的民间艺术特色和丰厚的历史文化积淀。当地人每逢佳节或嫁娶，都会提前准备好面塑。在当地人眼中，面塑是重要场合必不可少的物品，寄托着人们的美好祝愿。

12.4.3 地功拳

崂山是著名的道教文化发源地，当地的道教武术也颇负盛名，崂山地功拳就是道教武术的重要组成部分，属于山东省第二批非物质文化遗产。其主要以徒手拳术及器械剑术为主，具有柔中带刚的特点。

12.4.4 祭海神

早期村民的生活主要依靠渔业，在他们眼中，一切财富都来自大海，所以对大海有着发自内心的崇拜，并逐渐形成了当地独特的海洋文化。当地人多信奉龙王，在他们眼中，龙王是掌管海洋世界的神仙，能降甘霖于人间，护佑一方百姓的平安。以龙王为主的各类神话形象的产生满足了当时渔业发展的需要，成为帮助渔民克服海洋恐惧的精神支柱。因此，每逢重要节气时令，当地都会举办相关的民俗活动，渔民们纷纷准备好丰盛的祭品，换上干净的衣裳，一起来海边庆祝，祈求来年能够风调雨顺，生活富足。

12.5　近年来美丽乡村建设

近年来，王哥庄街道积极落实与推进当地传统村落的保护工作，并完成了《青岛市崂山区青山渔村中国传统村落保护与发展规划》的编制，为科学保护传统村落提供了理论依据。当地通过出资修缮本地古建，实现了乡村历史景观的修复，从而保留住了村庄的历史记忆。

随着当地旅游业的发展，村民获得了更多的就业机会，通过售卖特产、纪念品，开办民宿酒店，提供导游服务获得了丰厚的回报。青山渔村也在积极发展景社融合、全域旅游的大方向下，山变得更青，水变得更绿，村民也变得更加富有。

12.6　结论与展望

青山渔村是我国沿海地区极具代表性的特色传统村落，原本是一个名不见经传的沿海小渔村，现今却成为游客体验渔村文化、感受海港风情的旅游胜地。青山渔村以保护村庄传统风貌为核心，积极促进当地的经济产业转型，以改善生活环境、确保村庄永续发展为目标，建成了一个集休闲观光、养生旅游为一体的渔业文化体验地。它之所以能在众多村落中脱颖而出，一方面得益于国家对传统村落保护工作的重视，另一方面则是由于青山社区大力发展乡村振兴战略，秉承

“绿水青山就是金山银山”的价值理念，借助崂山景区的优势来发展全域旅游，真正地走出了一条景区、社区融合发展的全新道路，一举成为崂山地区“景社融合”的样板，彻底打破了当地劳动力充足但无处就业的困境，改善了村民的生活质量。

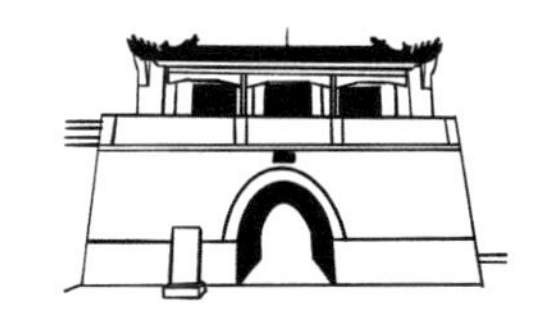

第13章 三德范村

章莱古道 战国重镇 瓮城遗址 非遗扮玩

——可追溯至战国时期的山东省历史文化名村三德范村

13.1 引言

三德范村的村域面积达14km^2，东西相距达5km，南北相距达4km，常住人口达6000人。村民姓氏众多，以王、张、冯、单等二十多个姓氏为主。该村现属山东省济南市章丘区，章丘古称阳丘，于隋朝开皇十六年改为现称。历史上村庄名称也几经更迭，经历史文物考证，清道光年间确立“三德范”的名称并沿用至今。该村地处章莱古道必经之地，古道穿村而过形成历史上极其繁荣的中心大街（图13-1）。三德范村因其历史久远、民居建筑极具当地特色、文化遗留丰富，再加上独特的地理环境，被列为山东省级历史文化名村。

13.2 村落概况

13.2.1 区位交通

在行政划分上，三德范村隶属于济南市章丘区文祖镇，东临穷汉岭，西靠锦屏山，往南地势逐渐抬升。村庄三面环山，只有北部与鲁中平原接壤，处于山地丘陵与平原的交界地段。山村虽然地处较为偏僻的城郊，但交通相对便利，距离

图13-1　章莱古道

济南市区50km，距离章丘（古明水县城）14km，多路公交已经开通运营，距离村庄9km便是G2京沪高速埠村立交出入口（图13-2）。

13.2.2　地理环境与空间格局

三德范村处于山地丘陵与平原的交界地，东、西、南三面环山，多为山谷冲积平原。村庄选址在海拔较低的平原处，三面群山成为其天然屏障。村内民居大多坐北朝南，日照充足。村内土地以褐壤为主，另有少量棕壤。大量的褐土土质属于“褐土性土”，这种土质土层浅薄，易受干旱影响，农作物的种植性价比低。文祖镇水资源较为贫瘠，地下水深达200m，这使得镇上的农业灌溉也受到一定影响。章丘地区属于大陆性季风气候，夏季雨量充沛并集中，冬季干燥少雨

图13-2　三德范村卫星图

雪，但因为季风的不确定性致使其降水时间、降水量都有极大的不确定性，常常发生连续丰水、枯水的现象，这在三德范村尤其明显。从村庄内穿过的“巴漏河”（图13-3），因其所处山体的石灰岩层常常发生漏水现象，雨后就断流，河道充其量只能发挥排泄山洪的作用，村民生活用水需要通过打井解决。

三德范村附近特殊的砂页岩夹杂着数层煤矿带，丰厚的煤炭资源促使村内及附近居民形成了“半矿半农”的生产模式，为村庄带来了一部分经济产值。但丰富的煤炭资源也造成了可供饮用的地下水层水位较深，其水内含较多矿物质，口感极差。该村“东道巷”有口深水井，因其口感苦涩，被称作“漤（lǎn）水井”。

三德范村南通莱芜，北接章丘，历史上便是章丘莱芜两地来往的必经之地。章莱古道穿村而过，在村里又形成了向东到达章丘、淄博，向西到达济南的两条路。村庄以“玄帝阁”为中心，形成十条巷道依附主街错落布置的村落格局，每

图13-3　巴漏河

条巷道因地制宜，顺应山势精心营造，村落民居建筑星罗棋布于巷道两侧，点缀在山体之中。十条小巷在串联起整个村庄步行系统的同时，也承载着长久的宗亲血缘传统，十条巷子都以宗族姓氏命名，巷道内还存有众多极具历史特色的院落遗址（图13-4）。三德范传统民居大多由山上砖石搭建而成，有的砖石搭配瓦砾砌筑，极具本土文化特色。因为水资源匮乏，村庄内修建了以贮水为主要功能的旱池，旱池的大小一度成为家庭实力的重要衡量标准。

13.2.3　历史沿革

三德范村历史悠久，据《三德范庄志》记载，此地在西周时期就已经发展为聚落。春秋战国时期，此处为齐长城锦阳关小寨，旧名“三推饭”。村内遗留元代的立交桥古迹，说明在元代时交通就相当发达，对于考证元代人们的交通方式具有很大的历史价值。村庄至清代发展至顶峰，商旅如织，人丁兴旺。清代重修村内禹王庙碑，碑上记载“三德范”，这就是村名的由来，并沿用至今，三德范始于“智、仁、勇”儒家三大德。

图13-4 传统街巷

13.3 特色建筑

三德范村的建筑材料取自当地山石，保留了传统建筑风貌和当地环境特色。村内还遗留传统街巷、古城墙遗址等极具历史价值的构筑物，而且保存较好。据不完全统计，建筑风貌较为久远且保留有本土特色的建筑占比五分之一，其余多为20世纪90年代之后所建。村内民居大多是具有北方特色的一层合院，正房一般为三至五开间，东西厢房一至两间。建筑形制与组合的样式颇多，至今还遗留有众多明清时代的“二郎担山式”阁楼和“两进式”“三进式”的青砖青瓦四合院。受自然地理条件影响，20世纪80年代以前，自然降水一直是村民饮水的主要来源，三德范人在地下修建圆形水囤用来储存雨水，这种叫做“旱池”的蓄水工程因其耗时耗力，只有比较富裕的农户才能拥有。村内尚有旱池的遗存，极具当地自然地理特色。

13.3.1 禹王庙

禹王庙属于山东省级文物保护单位，因其地理位置偏南，别称“南头庙”。大殿坐北朝南，面阔三间，木结构框架，以青石为基础，砌砖墙围合，为明清式建筑。殿内现有清宣统年间所绘壁画，东面墙体白泥饰面，有无壁画已不可考证；西墙面上现存六幅，讲述了大禹治水三过家门而不入的历史典故；南面墙上现存七幅，描绘了年直神、月直神等神仙人物，绘画技法成熟，人物表现生动；北面墙上绘有壁画大小共计二十幅，上层十幅描绘了日常生活用品，例如书卷、宝扇等，下层十幅描绘了四季美景与乡间生活。禹王庙内壁画具有很高的历史文化价值。

同时禹王庙的选址也考虑了其与河流、泉水以及村庄道路的关系。禹王庙西墙处有一池天然泉水，正好位于村内“风水鱼”的鱼眼位置，古人对于禹王庙营造的匠心可见一斑（图13-5）。

13.3.2 太平门、玄帝阁、瓮城

太平门为古城的第一道城门，台体由青石砌成，整体呈现较为规整的长方体

图13-5 禹王庙鸟瞰图

状（图13-6）。太平门东接“四涵迎曦”，四个过水涵洞将水引入太平门的河流中。太平门尖券门洞内还遗存安放门扇的木质结构，拱门内侧下方现存两个圆洞，疑为古代预留门栓的孔洞，门洞地面上的青石板已经被磨平，门洞上有“太平”二字，记载为清同治七年二月所刻。

玄帝阁是该村标志性建筑，位于章莱古道南端，据记载始建于宋元时期(图13-7)。建筑上层为三开间殿阁，重修后为明清硬山样式建筑，檐梁上的绘画生动逼真，西侧现有楼梯可以直接上到殿阁，向南俯瞰瓮城与太平门，向北可以远眺青石铺路的古街。中间章莱古道穿洞而过，下为元代古桥，整座建筑总高10.4m。玄帝阁北有石匾额，上面写有“三队反镇”四个大字，经专家评估为明末清初时重修。

玄帝阁与太平门都位于章莱古道上，前后相距十多米，与东西两侧的城楼构成古代城门中极具军事价值的瓮城空间布局（图13-8）。整个瓮城结构南北长约50m，其中还有古井、古桥以及军械库等辅助设施。三德范瓮城是山东省保存最好的一座瓮城，同时也是华北农村地区少见的防御性军事建筑。

13.3.3 “人和”门

“人和”门坐落在辛庄巷街西头，“人和”二字是清同治七年三月两广总督毛鸿宾（山东历城人，道光十八年进士）所写（图13-9）。关于此门有一段广为流传的故事，时任两广总督毛鸿宾的堂哥由历城毛家窝搬迁到三德范居住，因其家

图13-6　太平门

图13-7　玄帝阁及其下方古道

图13-8　瓮城遗址

图13-9　“人和”门

境贫寒，邻居齐万德对其施舍接济，后因齐家强行在毛家滴水上建墙致两家反目。后经毛鸿宾从中调解，两家重归于好。

为了纪念毛鸿宾待人宽厚的精神，三德范村民联合在巷子门口建起一座青石砌成的门，门洞上刻字“人和”，从此三德范人将此列为祖训并世代遵守，也从侧面反映了三德范淳朴的民风。

13.3.4　旱池

三德范村地属鲁中，其所在的地区是石灰岩地貌，特有的地理构造使得村庄极其缺水，村民因地制宜修建旱池来度过缺水时段，通过储存自然降水来缓解村民的用水难题。据不完全统计，村庄内大约有五百多处旱池(图13-10)。

图13-10　位于街口的旱池

旱池的修建在当时对于一个家庭来说是极大的工程，旱池的位置选择、破土动工的日期、财物人力的筹备都需要提前准备充分。旱池的修建耗时耗力，要经历一道道极其繁杂的工序才能使用，过程一般持续两个月。旱池选址一般在自家院落内，如若院落空间与土质条件不足，会选择自家院落外或巷道河地等处修建。旱池要开挖到地下8～10m，这就要求土质良好，以防塌方。清理出来的土方打成土坯经晾晒后铺在池底，并沿着池壁砌一圈土坯墙，墙体与池壁预留二十多厘米的缝隙，土坯墙砌好之后把备好的灰浆浇入缝隙。最后用小方石砌出池口并将挖出的土方重新回填，一个月后重新挖出，再用灰浆涂满池底和四周，3～5天之后用黑矾刷一遍。旱池修好之后需要一次性灌满雨水，防止产生裂缝成为日后隐患。

20世纪50年代至70年代，三德范村农业合作社举全村之力打井，初步形成了村内互补的供水体系。20世纪90年代末，村内通了自来水，解决了大部分居民的喝水问题，但地势较高的人家还要靠拉水来解决。进入21世纪之后，村联社建了三德范水厂，三德范村靠修建旱池解决喝水问题的历史彻底画上了句号。虽然通了自来水，很多村民家里依然保留旱池，几百年的缺水环境让村民的生活早已离不开旱池。旱池作为曾见证过三德范村水利工程发展的重要实物早已失去了其使用价值，现作为有重要历史价值的遗迹被保护展览。

13.4 近年来美丽乡村建设

三德范村现分为东、西、南、北四个行政村，村内有1800多户，6000余人，拥有王、张、单、李、姜、赵、刘、宋、齐、郑、孙、袁、马等26个姓氏，同姓氏之间还有不同的分支，其中以王姓居多。村民年龄结构相对不高，以青壮年为主。

三德范村基础设施建设较为齐备，中心大街两侧遍布小型个体商业，以经营日常百货为主，另有农商、邮政银行两处。村内配有幼儿园与小学。在医疗卫生方面，三德范北村与东村各有一处卫生室，基本能够满足村民所需。文化基础设施方面，三德范村东道巷建有山东省第一家乡村儒学讲堂，

2015年面向公众开放，经常聘请山东大学儒学研究教授对村民进行儒学教育。同时村内还建有多种类型的博物馆，便于全方位展示村庄历史文化。这些已经成了宣传三德范村的重要窗口。在用水方面，自来水管道现已敷设齐全，解决了数百年来的喝水难题。排污设施方面，现采用分户收集粪肥的方式，在提升乡村人居环境的同时也实现了粪肥资源的再利用。在电力通信取暖设施方面，村内电力、通信线路均已敷设，村内没有集中供暖，各家各户采用燃柴、烧煤等不同方式取暖。村内没有公共厕所，垃圾箱布置在道路两边，对废物统一收集处理。

三德范村产业较为多样。村内山地主要种植核桃、花椒等经济作物，平原地区主要种植玉米等粮食作物。随着产业不断拓宽，现已发展了核桃园等一系列第一产业科技园。村庄将土地出租给企业，只收取租赁费用，相对应的特色农产品较少；村庄依托自身优质历史资源大力发展旅游业等第三产业，许多村民利用自家院落办起了农家乐。长远来看还需要投入精力进行统一发展，乡村产业的丰富度还需要进一步提升。

13.5 村落民俗与非遗传承

三德范村的民俗等非物质文化遗产极其丰富，因地处山地，村内发展了石刻等行业，其中国家级非遗1项，济南市非遗1项，市级非遗传承人共有3名，是章丘区非遗传承人最多的村庄。

三德范村的民间娱乐活动“芯子”属于章丘区唯一的国家非物质文化遗产，曾获民间艺术的最高奖项山花奖。根据其表演形式可以分为多种类型，其表达内容也非常丰富。“芯子”活动一般在春节举办，特别是元宵佳节。每逢节日开始，十余条巷子自发组织本巷居民进行表演，男女老幼都积极参与其中。同时扮玩活动作为一种具有生活实践气息的民间艺术，承载了村民的文化认同感，也成为周边村落汇聚三德范的一个重要原因。

13.6 结论与展望

近年来，三德范村请考古和历史学家对其历史遗存和人物传奇进行梳理成册，丰富了村庄的历史内涵，并对古物进行清理挖掘保护。同时在古村改造的时候结合地域文化，将废弃的有特色的民居改造成为弘扬村庄历史的展览馆。村庄现大力拓宽产业结构，进一步提高村民生活水平，寻找一条适合三德范村发展的道路。

三德范村被列为山东省历史文化名村。村政府清理了古建旁的私搭乱建，为更好地保护古迹创造了条件。在保护古物的同时，大力推广“芯子”等非物质文化遗产，发掘其潜在文化价值。

第14章　宏村

画里乡村　山环水抱　墨瓦白墙　巧夺天工

——安徽省黄山市黟县辖镇宏村

14.1　引言

宏村有“中国画里乡村”的美誉，在古代又称“弘村”，清乾隆二年为避皇帝名讳（弘历）而更名为宏村。村落的北面是风景绮丽的黄山余脉雪岗山，南面是烟雾缭绕的奇暨湖，西靠影县古河道浥溪河、羊栈河，与际村隔河相望；东为东边溪和东山，植被茂盛。村落的布局坐北朝南，处于整个山水环绕的中心。宏村的选址、布局、建筑形态都遵循了本于自然、尊重自然、天人合一的基本法则，整个村落与山水相辉映，自然生态环境良好（图14-1、图14-2）。

图14-1　宏村风貌（一）

图14-2　宏村风貌（二）

14.2 村落概况

14.2.1 区位交通

宏村，位于安徽省黄山市黟县东北部。村落背靠雪岗山，西临浥溪河，通过街巷中的沟渠将浥溪河水引入村落，供给每家的生活使用。整个村落占地面积19.11hm^2（图14-3）。

图14-3　宏村卫星图

14.2.2 历史沿革

宏村始建于北宋，距今已经有800多年的历史，村中保留了许多明清时期的徽州传统民居。在四百多年前，宏村就对村落的水系进行了规划设计，并构建了水圳、月沼、南湖等水利设施，建造了完备的人工水系。整个村落属于典型的传统徽州村落。1982年黟县文物管理所的成立标志着宏村传统村落保护工作的开始。2000年宏村与西递村一同入选了世界文化遗产。

水系贯通了村落的家家户户门前，使得整个村落的形态达到了与自然和谐统一的境界（图14-4）。

1．历史演变

（1）定居阶段（1131—1275年）

宋元时期徽州交通不便，大批中原百姓入徽躲避战乱，开拓村落。

（2）发展阶段（1276—1606年）

徽州处于一个长期平稳的时期，明清时期理学逐渐发展，大量的宗族人士制定了宗族规定，使得当时的社会得以稳定。

（3）鼎盛阶段（1607—1855年）

明代中叶至清代中叶，当时国家对州县没有管辖权，主要依靠县中的宗族自

图14-4　宏村水系图

治，并进行了一系列公共基础设施的修建，为宏村提供了公共资源，比如：修建祠堂、牌坊、书院等。

（4）衰落阶段（1856—1976年）

战乱和“文革”都造成了古村的衰落。

2．聚居者迁移带来的影响

宏村最开始起源于南宋绍兴元年，先祖汪彦济在雪岗山一带建造住所，至今已经800多年。明仁宗洪熙元年至明神宗万历二十四年，宏村以东土道制（龙排庙）、南土水制（红杨、白票）、北土土制（雪阜榛子林）和西土佛制（观音亭）为水口布局，营建了乐叙堂、太子庙、正义堂等祠堂、庙宇，逐渐形成了以血缘、地缘关系聚合的同宗同姓的民居集落。清康熙元年至清宣统三年，宏村南湖书院、树人堂、三立堂、乐贤堂、承志堂等大型书院、宅第开始修建。

14.3 特色建筑

14.3.1 敬德堂

敬德堂建造于清初顺治年间，建筑形式为H形，地处牛肠水圳下游拐弯处，占地面积230m^2，建筑面积210m^2。敬德堂的建筑布局形式为三进院落式，前为庭院，后为天井，中间则是三间院落。天井分布于建筑的前后，采光良好，屋柱子为方形，整个建筑装饰较为质朴。通过敬德堂可以了解当时经商之人的生活状况和徽州在明清时期的建筑风格。

14.3.2 乐叙堂

乐叙堂始建于15世纪初，地处月诏北畔正中，是宏村唯一的祠堂。占地面积1600m^2，建筑面积870m^2，有三重檐，檐角处有龙头鱼尾造型的蓬鱼装饰构件。乐叙堂的砖雕上刻有红色的“思荣”二字，字旁是“双抢珠”的砖雕图案。梁架具有鲜明的明代特色，月梁、叉手、雀替、平盘斗等建筑构件雕刻精美，整个砖雕展现了不凡的艺术水平。祠堂建在村子中心地带，景色优美，祠堂空间的序列设计和背山面水的环境，增添了一份灵气与神秘，给人以庄重、肃穆和敬畏之感（图14-5、图14-6）。

图14-5　乐叙堂大门

图14-6　乐叙堂砖雕

14.3.3　承志堂

承志堂修建于1855年前后，是清末盐商汪定贵的住宅，整个建筑为砖木结构，占地面积2100m^2，建筑面积3000m^2，有大小天井九个。承志堂的木雕精细优美，大多数层次复杂，人物众多，每个人刻画都不同，其复杂程度展现了当时木雕师的高超技艺，具有很高的艺术价值（图14-7、图14-8）。

14.3.4　树人堂

树人堂建造于1862年，由当时朝仪大夫汪星聚隐于世后所建，占地面积850m^2，建筑面积700m^2。整个建筑为二楼三间结构，设计别出心裁。宅基地为六边形，寓意六六大顺。树人堂的名称来源于“百业须精，儿女当教”之意。正厅偏厅背对水圳，坐北朝南，天花彩绘牡丹与蝴虫，飞金走彩（图14-9、图14-10）。

图14-7　承志堂院门

图14-8　承志堂院内景观

图14-9　树人堂内部

图14-10　树人堂后院

14.3.5 敬修堂

敬修堂始建于清代道光年间，坐落在月沼北侧西面，占地面积286m^2，建筑面积452m^2，屋基高出月沼近1m，整个建筑坐北朝南，正厅前为庭院。与其他民居不同的是院门外留有10m见方的空地，俗称厅坦，冬暖夏凉，是休憩聚会的好去处（图14-11、图14-12）。

14.3.6 桃园居

桃源居建于清咸丰十年（1860年），占地面积600m²，建筑面积700m²。整个建筑共前后三间，因在院中种植品种稀有的桃树而得名（图14-13、图14-14）。

14.3.7 南湖书院

书院坐落于南湖北畔，占地面积1800m²，建筑面积1500m²。明朝末年，宏

图14-11　敬修堂砖雕

图14-12　敬修堂内部

图14-13　桃源居内部

图14-14　桃源居外墙

村村民在南湖北畔修建了六所私塾，后来六所私塾合并，称为南湖书院。南湖书院是一座具有传统徽派风格的古书院，整个建筑为两进合院，前为厅堂，后院供奉孔子像（图14-15）。

14.4 近年来美丽乡村建设

宏村的传统文化资源丰富，其中的“软文化”旅游资源包括了物质生活民俗、社会民俗、精神文化三个部分。经过多年的开发，宏村的“软文化”旅游产品主要有以下几种：物质生活民俗方面，通过开设徽州服饰商店和农家乐的形式，向游客提供诸如绣花鞋、石耳炖鸡、臭鳜鱼、徽州毛豆腐等旅游产品；社会民俗方面，主要以传统工艺为主，一些流动摊位或商店向游客出售徽州“四雕”（竹雕、木雕、石雕和砖雕）的工艺产品；精神文化方面，主要以民俗表演为主。

图14-15 南湖书院大门

近年来，随着旅游业规模的不断扩大，宏村为了满足游客多样化的旅游需求，吸引更多游客前来参观，在原有的传统文化的基础上，增加了乡村田园风光的体验活动。对本地的生态环境旅游资源进行开发，衍生了许多生态旅游产品。

14.5 代表性非遗项目

14.5.1 徽州三雕

徽州三雕是当地的传统民间艺术，也是国家非物质文化遗产，指的是具有徽州特色的木雕、石雕、砖雕。三雕具有悠久的历史，技艺高超，世代传承，整个工艺流程也比较完善，充分展现了古代劳动者的精湛技艺和才能以及不凡的艺术创造力。

14.5.2 徽派传统民居建筑营造技艺

徽派传统民居营造技艺是中国传统民居建筑中十分具有特色的技艺，徽派民居的主要特色是：村落布局严谨、密集，建筑格局紧凑、细致，建筑风格高度统一且简单明了，也展现了深厚的文化底蕴，是中国传统民居建筑的典型代表。

14.5.3 黟县彩绘壁画

徽州传统的彩绘壁画艺术，是徽州地区民居中广泛使用的绘画装饰技艺，由民间画师使用当地的矿物和植物染料所制成。徽州古民居建筑因彩绘壁画而增添了艺术氛围和文化品位，也是研究徽州文化和徽州技艺的重要的活化石。现存的大多数彩绘壁画在黟县境内保存较完整的古民居村落中。在宏村的承志堂中有大量的遗存作品，被誉为徽州民居中的“敦煌艺术”。

14.5.4 徽州楹联匾额

楹联匾额是徽州的传统文化之一，也从侧面反映了这些年来徽州的发展和徽州商业的继承及风貌。同时，徽州楹联匾额的广泛流传程度，让它以特殊的形式承载着徽州的文化和历史。

14.5.5　宏村水系

明代永乐年间，汪玄卿嫡孙汪思齐（1373—1424年）回到家乡，阅览家谱，见有开掘水意之祖训，便决心实现祖志。历经三年，初步完成水圳、月沼雏形；至明万历丁未年，村落人口大增，原先开挖的水圳及月沼已不能满足村落生活、消防、灌溉的需要，于是，又在明万历年间（1607年），由汪氏后人扩建了南湖。至此，宏村古水系历经数百年的努力终于完善成为一个水系网络，宏村的"月沼"（图14-16）"南湖"也已成为徽州古水系文化的标志性景观。

图14-16　月沼

14.5.6　食桃制作技艺

食桃是一种形状固定的米粿，用模具（黟县方言称"食桃模"）制作而成，所以称之为"打食桃"。食桃的模具一般用桃木或者枣木雕刻而成，多是桃子、元宝的形状。食桃作为当地的一种民俗食品，每家每户都会制作。尤其是每逢佳节和喜庆之事时，制作食桃是当地居民必做之事，形成了独特的风俗。

14.6 代表人物

14.6.1 汪思齐

汪思齐是宏村第76世祖，汪氏祠堂及乐叙堂是其出大部分资金筹建的。汪思齐学识广博，见闻丰富，对建筑、水利、地理都十分了解，是宏村月沼的主要设计师之一，同时也为宏村的发展做出了卓越的贡献。

14.6.2 胡重

胡重，汪思齐的妻子，是位饱读诗书的女子，为月沼的建设呕心沥血，是宏村水系规划的总设计师。

14.6.3 汪大燮

汪大燮，清光绪十五年（1889年）中举，1905年任驻英公使。1914年任教育总长。1917年代理国务总理。其晚年致力于教育和慈善事业，并创立了北京平民大学，任职董事长和校长。

14.6.4 汪积学

汪积学，明嘉靖名士，读书国子监。

14.6.5 汪日章

汪日章，清乾隆举人，曾任浙江萧山知县，擅长书法、篆刻，并著有《东湖诗文集》。

14.6.6 汪文学

汪士通子，年少聪慧，12岁就著有《松烟缘尊梅赋》，有文集8卷存世。

14.7 结论与展望

宏村是中国乃至世界的优秀文化遗产。随着社会的发展和进步，宏村目前的发展也存在一些问题，例如：基础设施和配套设施的建设不足，这不利于宏村的可持续发展。未来应该加大对基础设施以及配套设施建设的投入，以满足游客日益增长的住宿、交通、医疗、饮食等各方面的需求。同时，当下是旅游大热的时代，传统古村落朝着商业化发展是一个不可逆转的趋势。在这种背景下，科学规范旅游商业化的运营模式能够有效地解决传统村落旅游发展中现存的一些资金问题，对文化遗产的科学合理保护、文化价值的开发利用和特色化旅游业发展等都有着积极的作用。因此，未来宏村的发展应该在坚守遗产保护、文化传承和维护当地居民的合法利益的前提下，以商业发展为依托，均衡多种景观主体之间的关系，构建一个合理、可持续发展的利益分配体系，才能让古村落旅游景观的发展更加持久。

第15章 梭庄村

藏风得水 取法自然 耕读传世 齐鲁古村

——千年历史风韵的传统名村梭庄村

15.1 引言

梭庄村在晋代就开始有人居住，唐代晚期正式建村，距今已有一千多年的历史。梭庄村山清水秀，人杰地灵，据清道光三十年《章丘县志》及《李氏族谱》记载，早在元代，这里就出过贤达三人："钦赐带职还第，敕旨三章，后有御批兰草，载通省志。"明末清初，村中李氏"一门三代，七举人五进士"的美誉传颂至今。目前，梭庄村已被列入国家历史文化名村和中国传统村落名录。

15.2 村落概况

15.2.1 区位交通

梭庄现隶属于山东省济南市章丘区相公庄镇，位于章丘区的东北部，相公庄镇的北部，距相公庄镇中心区域6.5km，距章丘区中心区域15.9km，距济南市区45km，周边道路宽阔平整，交通相对便利。

梭庄属于暖温带大陆性湿润季风气候，四季分明，雨热同季。春季干旱多风，夏季炎热多雨，秋季温和凉爽，冬季干冷少雪。热量适宜，雨量中等，年平均气温12.9℃，年降雨量670mm左右，年平均无霜期192天。

15.2.2 社会经济

梭庄村的村域总面积约为1320hm^2，耕地面积280hm^2，山林面积1000hm^2。村庄建成区位于村域西部，用地面积39.6hm^2。全村共1000户，3100人，村民皆为汉族，有李、刘、韩、齐、宋、阚等20多个姓氏，其中李姓村民人数最多，占比50%。

由于村落三面环山，村域面积中山林占大多数，耕地面积不足以支持全村人的生计，所以耕种自古以来就不是梭庄最主要的经济来源。历史上，梭庄人靠山吃山，开山采石，生产房料、坟料、石磨等。除开采石料外，外出务工经商也是重要的谋生手段。目前，梭庄人主要靠外出务工、经商和耕种为生，人均年收入17000元左右。

15.2.3 历史沿革

梭庄之名源于梭山。据清康熙《章丘县志》载："去邑十里而近，有梭山焉。山形如梭，民依山成村曰'梭庄'。"李缙明在《啸园自记》开篇亦云"长白山之麓，冈峦千叠，蜿蜒而下，结为培塿，形如梭，名梭山，余村处其阴，因以名村。"梭庄历史悠久，从唐代晚期正式建村至今已逾千年，明朝初年，梭庄李氏先祖李七秀才，从巡检庄迁居梭庄，在此定居繁衍，"一门三代，七举人五进士"正是出于此家，传为佳话。

15.3 村落布局与特色建筑

梭庄在其绵延传承的千年岁月中为后人留下了许多珍贵的历史遗迹，包括汉末著名经学家、明朝时的李氏宗祠、药王殿、文昌阁、元音楼等多处古建筑。

15.3.1 村落布局

村落三面环山（寨山、雪山、梭山），一面临水（漯溪），沿着山的走势呈自然式布局，藏风得水，天人合一，是齐鲁丘陵地区传统村落的理想布局形式（图15-1）。

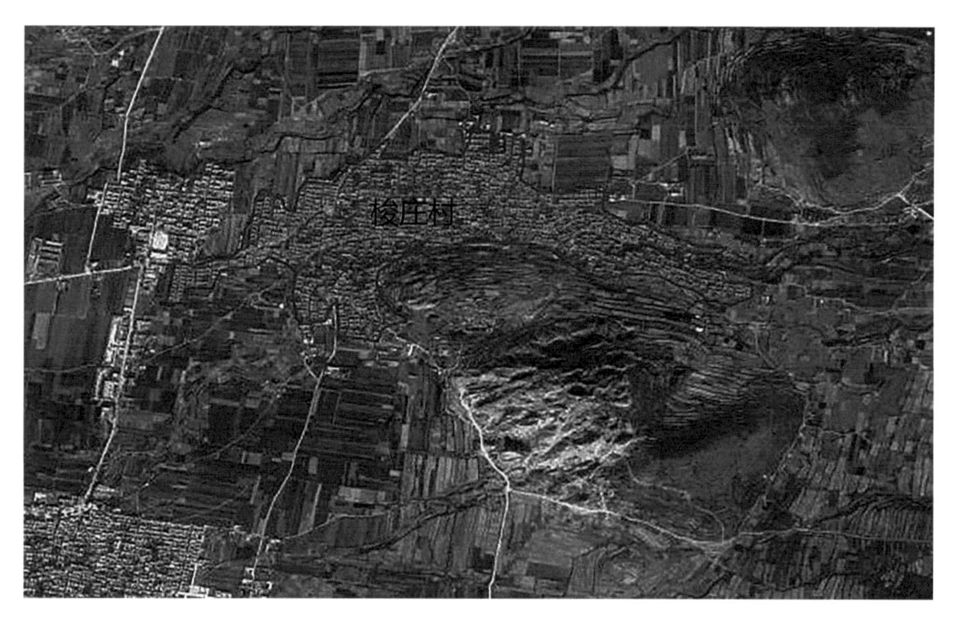

图15-1 梭庄村卫星图

进入村庄，东西走向与南北走向的道路规则地将整个村落空间组织起来。东西走向的道路为顺河街、中街、后街、村北街；南北走向的道路为石铺老街、南北胡同、青龙街、村东街，这几条道路构成村落的基本肌理，其他小路纵横交错，共同构成了古村布局。

15.3.2 特色建筑

1. 李氏宗祠

李氏宗祠建于明朝万历年间，距今已有四百多年的历史，2000年成为章丘区第一批重点文物保护单位（图15-2）。李氏宗祠曾经是李家园林——啸园的一部分，随着历史的变迁，啸园园址分解、荒废、易主、改建，渐渐被人们遗忘，取而代之的是远近闻名的李氏宗祠，村民则更多地称呼它为家庙（图15-3）。

旧时的宗祠分为上下两院，两院南方有南阁，南阁引出三面复道（图15-4、图15-5）。南阁、复道、上下两院本为一体，复道连通南阁与上下两院，不经复道就无法登阁，上下两院也不能相通。但是随着历史变迁，复道已经不见踪影，只余些许残迹，墙基北部变成了池塘，下院承恩洞洞口杂物淤积，内

图15-2　李氏宗祠

图15-3　李氏宗祠入口

图15-4　南阁

图15-5　从李氏宗祠院内看南阁

里情况不得而知，只能依靠文字与村民的描述去想象当年的盛景了，目前可以进入观看的只有李氏宗祠上院的部分。

上院中心是宗祠的主体建筑——君子堂（图15-6），君子堂是典型的明代建筑，建筑整体风格古朴大方，坐北朝南，面阔五间，一门二窗，青黑色小瓦覆顶，砖石混垒，木质梁架结构。宗祠外墙底部用阶条石，腰线以下采用砖砌，墙体局部有土坯。整个建筑梁架所用的木料都是极其珍贵的，全部从江南运来，再由当地工匠精心制作，四百多年风吹日晒，木质几未有裂缝。君子堂前有一条精细石条铺成的甬道，甬道两旁古树林立，并十数座石碑，记载表彰族中优秀子孙、族规、宗祠修缮记录等内容（图15-7、图15-8），院中还有一棵梭罗古树。

图15-6　君子堂

图15-7　李氏宗祠梁架

图15-8　李氏宗祠院内石碑

2．文昌阁

文昌阁位于梭庄大街西侧，建于明朝嘉靖年间，下门上楼。拱门上方书有“文昌阁”三个大字，门腰中部嵌有精美的石砖石雕，雕有麒麟、荷花等富有吉祥寓意的图案，栩栩如生；进入拱门，左右内壁各嵌有一块碑记，分别属于清朝道光年间和嘉庆年间，记载了确认文昌阁基地范围的内容。文昌阁城台南北长14.4m，东西宽8.7m，占地面积为125.3m²（图15-9～图15-13）。

拱门上面原有一座阁楼，飞檐翘角，气势非凡，但早已消失不见，村民在上面建了两个红色的砖瓦房，风格与下面的拱门格格不入。2018年重修文昌阁，拆除了砖瓦房，在上面新建了一面砖雕影壁，中间雕有龙凤呈祥，两旁饰以莲花的图案。影壁长1.9m，厚0.43m，高2.71m，黑色筒板瓦硬山顶，正脊为花瓦脊有吻兽，垂脊为铃铛排山脊。虽然砖雕十分精美，但总感觉少了一点文昌阁的古朴韵味，精美匠气有余，而韵味不足（图15-14）。

图15-9　文昌阁正面

图15-10　文昌阁背面

图15-11　文昌阁拱门

图15-12　文昌阁砖雕

图15-13　文昌阁碑记

图15-14　文昌阁影壁

3．元音楼

元音楼建于明朝万历年间，位于文昌阁的西侧，名为“楼”，实则是一座四角石亭。元音楼为全石结构，四柱，四梁，四角飞檐，方形石柱攒尖顶，通高5m。整个建筑由三十多块方、圆、梯、条等不同形状的构件组合拼接而成，严丝合缝，从明至今四百年来坚固如初（图15-15）。

石亭不像房屋那样有明确的门窗朝向，但元音楼面东的两根石柱上雕刻对联一副，上联“月淡星稀僧扣处”，下联“电光云影梦惊时”，其上横梁有一石雕悬匾，雕有“元音楼”三个大字。由此可知元音楼坐西朝东，与坐东面西的文昌阁相呼应，楼内原悬挂一座“启瑞钟”，也与文昌阁“昌瑞相应”。后由于多种原因，“启瑞钟”不知所终，在对元音楼进行修缮时悬挂了一个新的铜钟，代替“启瑞钟”，寄托着村民“昌瑞相应”的美好祈愿。

图15-15　元音楼

4．药王殿

药王殿位于文昌阁东侧，初建于明朝嘉靖年间，最初仅是一座普通的小庙，明朝万历年间重建为现在的规模。此建筑“无指木、无寸铁”，全部由长0.6～0.8m、宽0.4m、厚0.4m的石块垒砌而成，坐北朝南，建筑外墙东西长8.5m，南北宽6.4m，占地面积55m^2，屋顶形式为卷棚式硬山顶，屋顶前后两面，筒瓦倒扣，灰浆灌牢，垂脊上有脊兽。门是拱形券门，券顶雕刻了双枝缠绕的图案，门框中腰嵌有精美的石雕，雕刻了云龙与飞马的图案，线条柔和饱满，工艺精湛，栩栩如生（图15-16、图15-17）。

图15-16　药王殿

图15-17　药王殿大门

进入药王殿内部，由于四周的墙体太厚，建筑的内部面积大大缩减，面阔7.8m，进深4.68m，面积36.5m^2。室内无梁架，采用青石起圆顶拱券，石块之间严丝合缝，工艺精湛（图15-18）。室内墙面为白灰墙面，药王殿的门窗为近现代式。殿中曾有神台，药王孙思邈居中，左右分列扁鹊、华佗、张仲景、李时珍等十大名医，殿中塑像自1941年后逐渐消失，现建筑内部仅有两个中药架。

图15-18　药王殿内屋顶拱

5．大戏楼遗址

大戏楼建于明万历年间，位于梭庄村的西南角。此建筑上楼下台，戏台高1.5m，面积25m^2，由长0.6～0.8m、宽0.4m、厚0.4m的石块垒砌而成。戏台的四角各有一根石柱与戏楼底部的横梁相连，台面至楼顶高度超过5m，戏楼内部雕梁画栋，气势非凡，上悬“莫作闲看”四字牌匾，乃是明代书法家、诗人、思想家雪蓑所书。关于大戏楼，还有一个传统：“小戏不进大戏楼”，即仅有昆曲、京剧、秦腔等大戏可以登上戏台表演，小戏（花鼓戏、花灯戏、采茶戏、滩簧戏等民间艺术）则需另搭戏台表演，这种传统在梭庄持续了两百多年。

戏楼从明朝至20世纪60年代一直保存完好，后由于种种原因，楼已不再，仅存戏台遗址。

6．李氏族谱碑

李氏族谱碑位于村西南方，该碑立于清朝康熙年间，石碑整体高5m，保存状况良好，底座、碑身、碑冠俱全，碑身上记载了李氏历代祖先的名字，谱系分明，但上面的字迹已模糊不清，唯“李氏宗谱”几字较为清晰。（图15-19）。

7．石狮子

在梭庄村内还有一座清朝时期的石雕狮子，石狮子所处的位置是当年村庄北面的村口，将石狮子放置于此，是希望其能镇护村庄，保佑村子平安。后来村落的面积逐渐向外扩张，石狮子的位置就由村口变为村落内部了。

8．青龙泉

青龙泉的历史悠久，先有青龙泉，而后有梭庄。泉水口感甘洌，陪伴村庄多年。村民在青龙泉的四周用石块垒砌成泉池，对泉水十分爱护，紧邻泉水的道路也被命名为青龙街，街边墙上镶嵌有石匾，刻有“青龙街”，至今保存完好（图15-20）。

9．梭罗树

厚壳树，又名梭罗树，村民惯称为“红叶树”，紫草科厚壳属，种植于李氏宗祠内君子堂门前右侧，是一棵寿过七百年的宝树（图15-21、图15-22）。据宗祠内记载，这棵树是清顺治十八年（1661年）用三匹骡马拉的大车行程数千里费时四个月从福建移植过来的，来时已三百多岁，由福建来此又四百余年，据传说当年李氏族人与蒲松龄常在树下饮酒作诗。梭罗树多生长在福建、广西等地，移植至此四百年依然枝繁叶茂，实属珍贵难得。

10.“大脚印”

在文昌阁前的石板路上，印有两个“大脚印”，长约0.6m，形状似脚印，其

图15-19　李氏族谱碑

图15-20　青龙泉

图15-21　梭罗树（一）

图15-22　梭罗树（二）

实是两块化石（图15-23、图15-24）。关于这两个“大脚印”，有一个美丽的传说——文昌易字：明崇祯元年（1628年）春，梭庄人氏李缙徽入围殿试，做文章时不知为何竟昏昏欲睡，忽感觉被人猛推一把，模糊间看到一紫衣身影将纸上“检”字抹去后飘然远去。李缙徽回神之后想通其中关窍，冷汗淋漓，“检”字冒犯了当时皇帝朱由检的名讳，若非当时紫衣仙人点化，后果不堪设想，这紫衣身影正是文昌阁中的文昌爷，想来文昌帝君在阁上忽感大事不好，匆忙下阁双足蹬地入云直奔京城，推醒昏昏欲睡的李缙徽，又将“检”字抹去，顺利解围。这两个“脚印”正是文昌爷蹬地升空时，用力过猛所留。李缙徽后来顺利通过殿试，放榜及进士第，回村先登阁叩拜文昌帝君，文昌易字的传说便由此传开。

“大脚印”寄托了梭庄人美好的祝愿，出远门前，村民都在两个脚印上踩一踩，以求一路平安。

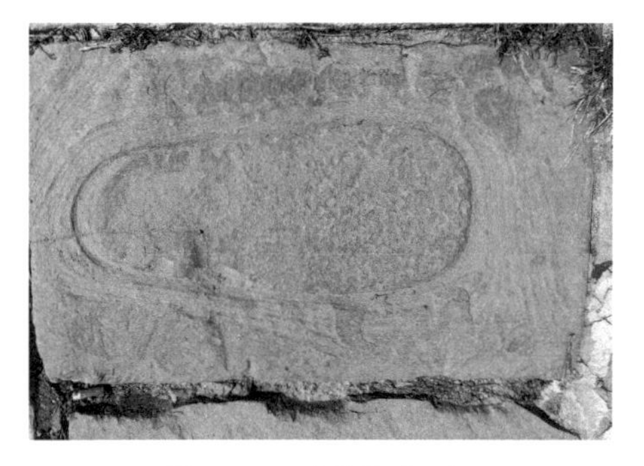

图15-23　大脚印（一）

图15-24　大脚印（二）

15.4　代表性历史人物、民俗传统

15.4.1　历史人物

梭庄人杰地灵，地理位置优越，出则俗世繁华，入则自在山野，吸引了众多文人名士在此停留、定居，李氏家族“耕读继世，诗书传家”的家风也世世代代地影响着梭庄村，自古以来，梭庄能人辈出。

1．郑玄

郑玄，北海郡高密县（今山东省高密市）人，东汉末年儒家学者、经学大师。郑玄曾在梭庄东山腰上设黉堂书院、著书、授徒讲学，受教者近千，长从者三百，晋隋时期黉堂书院改为郑公祠，后又改名为雪山寺，宋朝时与灵隐寺、金山寺并称为三大寺。

2．李克似

李克似，生于明朝隆庆年间，任福建延平府知府连任六年，在任期间发展农桑，整顿矿山，百姓安居乐业，路不拾遗。

3．李缙明

李缙明，明末清初人士。明末各地兵荒马乱，县城面临危险，李缙明运筹帷幄，训练兵丁，与乡民一道确保了县城安全，乡人无不对其称颂。后考中进士，清顺治十年主政监考，唯才是举；顺治十六年治下区域大灾荒，民众饥寒交迫，李缙明拿出俸银救济灾民，深受百姓爱戴。

15.4.2 民俗传统

1．七月十四中元节

民间的中元节是农历七月十五，又称“鬼节”，是人们祭祖、祀亡魂的主要节日。在梭庄，有这样的特殊情况：村中李姓人口都在七月十四过中元节，其余姓氏则在七月十五过节。除日期不同外，节日的习俗内容都大体相同：吃饺子、请先祖入家、向先祖敬献五谷、送先祖离开等。

梭庄李姓村民选择七月十四过中元节，是因为这天是李氏家族中德高望重的老奶奶夏侯氏的忌日。夏侯氏出身耕读世家，过门后照顾丈夫，孝顺公婆，持家有方，在丈夫病故后，又尽心将两个幼子培育成才。李氏族谱中记载：“以诗书课诸孤，皆名黉序，且持家有法，家族事业激大，亦始于此。”梭庄李氏后人为了表达对夏侯氏的尊崇与悼念，将她的忌日与中元节合并，在十四这天过“十五”。

2．抬芯子

抬芯子又叫作单杆芯子，是章丘芯子的一种，这项民俗活动主要集中在每年的过年到正月十五元宵节之间，是人们庆祝节日、祈求平安的一项重要文化娱乐活动。2008年，章丘芯子被列入第二批国家级非物质文化遗产名录。

表演中，由两个青壮年肩膀上扛着一根细木杆，在木杆中间固定一个铁架，用绸布包裹，在铁架上有一名儿童，装扮成神仙或者古代经典名人的形象，随着下面青壮年的步伐上下摆动，挥舞双手，远远看去好似神仙下凡。抬芯子少则2架，多则16架，多为双数，芯子队伍的前后还有乐队敲锣打鼓，十分热闹。每年春节期间，都有许多外地的游客专程到梭庄来见识这项热闹的民俗活动。

15.5 近年来美丽乡村建设

2011年1月18日，梭庄村被评为山东省第二批历史文化名村。2015年6月25

日，梭庄村古建筑群被列为山东省第五批文物保护单位。2019年1月，梭庄村入选第七批中国历史文化名村。2019年6月6日，列入第五批中国传统村落名录。

近年来，政府加强了对梭庄村古建筑群的保护，2018年重修了文昌阁，2019年修缮了元音楼，同时也通过网络新闻等方式加强了对梭庄村的宣传，使更多人了解梭庄。在国家高层次人才回乡创业、乡村振兴的政策号召下，越来越多的人才带着专业知识与人脉资源回到家乡，为古村注入新鲜血液。如今，梭庄村制定了一个十年规划，通过党建的引领实现现有资源的整合，并提出："顺应村庄的生态自然，以合理的方式去改造提升，让生态和产业和谐共生，在可持续的基础上实现村庄的更新发展。"

15.6 结论与展望

以梭庄村为代表的村落在一定程度上反映出了齐鲁地区传统村落保护方面存在的冲突，比如旧建筑的生活设施不够便捷，村民自建的新建筑与旧建筑外观不协调，整体风貌不够融洽，村落青壮人口外流严重，常住人口不多，部分古建筑没有得到科学的修缮等问题。因此在建设美丽乡村，实现乡村振兴的大背景下，梭庄村应按照当前的十年规划，更加科学合理地保护村落的建筑结构、村落整体布局、民俗传统、自然景观等，加强古村落的文化宣传；同时结合村落的经济、生态现状，逐步实现村庄的更新发展，使梭庄村成为一个在过去底蕴深厚、历史悠久，在未来发展潜力巨大的历史文化名村。

第16章　许家山村

世外桃源　田园画卷　古朴自然　垒石为家

——浙东山地石屋古村落许家山村

16.1　引言

“青石晨照壁人影，池塘老树农人耕”，这幅诗词中的世外桃源般的田园画卷，在踏入许家山村时，便赫然呈现。在许家山村入口处可以看见伫立着几株百年大树，村里随处可见古朴自然的石屋、石墙、石窗，与缕缕炊烟勾勒出纯朴的农家风貌。成群的青灰色石屋凝重的质感，犹如留居山民铜板石般坚韧的生命力。许家山村是第五批“中国历史文化古村”，不仅如此，它还是浙东沿海山地石屋古村落的典范。无论是从建筑形式上，还是从古村结构上，都依然可以在这里看到传统生活的影子，鸡鸣声声，炊烟袅袅，透着沧桑，却有一股绵绵不绝的生命强劲之力。

16.2　村落概况

16.2.1　区位交通

宁海县位于象山湾与三门湾之间，属于沿海地带。四明山、天台山等山脉横贯其间，县内多丘陵山地，少平原地形。而许家山村便坐落于宁海县城的东部，又称“石头古村”，其地处帽峰山余脉，隶属茶院乡，距离县城13.5km。许家山村地形属于山地丘陵（图16-1），南坡与东南坡上有许多的农田和梯田，遵循宁海村落的“七山一水”基本原则，房屋选址则在北坡之上，整个村子坐西朝东。清代诗人曾为许家山村赋诗一首：“豺狼蹲坦道，僻径绕寒山。无限斜阳色，来添霜叶殷。”从诗中可知，许家山村地僻山幽，又位于山顶，地势较高，犹如石璞般嵌在青山之中。

图16-1　许家山村卫星图

16.2.2　历史沿革

1．姓氏起源

目前，许家山石头村全村277户，总人口720人，常住人口220人。从村落名字可能会有人猜测，村中是否大多数为许姓。其实不然，村子里共有四大姓氏，分别是：叶、张、胡、王，并没有许姓，具体为何称为许家山并无文字记载。巧的是距离许家山不远的一个村庄，名叫许家，可能与许家山的命名有些关系。据四姓族谱所记，南宋末年，叶梦鼎的后裔叶大卿父子为避世乱隐于此处；张姓先祖为被明高祖朱元璋誉为“海东青”的御史张纯诚后人张永机，于明成化十二年

（1476年）携子自白鲤塘迁至许家山；胡姓祖先为明廉使胡献来后嗣由长街大湖迁居而来；王姓则是有“江南书布袋”之喻的王俊华后人自茶院乡下王村迁来。许家山地处偏远，实为文人隐居的绝佳之所。

2．历史演变

许家山村总面积约58000m^2，目前有300多间石屋。许家山村历史最早可追溯到南宋时期。明成化十二年（1476年）张姓祖先迁入许家山，村西北部以张姓家族为主。村内有一古道，曾连接宁海、台州等地。清代，地方经济较为发达，很多商人通过官道将货物运送至许家山贩卖。经济条件好转的当地居民开始对石屋进行修缮加固，许家山全盛时期出现在清代中后期。清末，因连年战乱，古道人流减少，繁荣不在。

16.3 特色建筑与设施

16.3.1 叶氏宗祠

现存的叶氏宗祠（图16-2）是清代末年重修，宗祠之中供奉的是叶梦鼎丞相。南宋末年，其后裔为躲避战争隐居于此，这便是许家山村叶氏宗祠的由来。

叶氏宗祠坐北朝南，屋顶硬山造，三开间，东西北三面外墙采用本地特色的铜板石砌筑，外墙铜板石不起承重作用，仅起到围护作用。对叶氏宗祠内部建筑结构进行进一步解析可以看出，其为木结构，结构形式为抬梁式与穿斗式混合使用。一般情况下，山墙面使用穿斗式，而室内采用抬梁式，这样一来，两种结构的优点便可以很好地结合起来，使得建筑山墙面不仅可以拥有较好的抗风能力，还能够减少木材的消耗，室内空间也可以取得开阔的效果。叶氏宗祠内部除了石基础的木柱外，其余就是供奉的牌位了。

16.3.2 洪天庙

洪天庙建于明代，在庙中可以看到村民们所供奉的神像，桌子上香炉、牌位齐全，庙宇整体略显简陋。洪天庙（图16-3）坐北朝南，位于叶氏宗祠西侧，贴邻叶氏宗祠建造，屋顶硬山造，三开间，东西北三面外墙也采用了本地特色的铜板石砌筑。其内部结构也是抬梁穿斗混用的木结构，室内空间由上部镂空、下部实体的木墙板分隔，供奉着神明。

图16-2 叶氏宗祠主立面

图16-3 洪天庙外观

16.3.3 古戏台

古戏台（图16-4、图16-5）建于清代，是表演宁波本地传统戏曲的场所。戏台是敞开式的，观众可以从三个方向自由观赏，在戏台的两侧均有楼梯，人们可以通过此处到达戏台上。戏台的两侧均建有耳房，是供演戏时存放道具、演员们化妆所使用的。整个戏台又可以被划分为前台及后台两个部分，用木屏墙进行分隔，两边有供人通行的门，分别被称为“出将”和“入相”。“出将”门是演员上场表演时要经过的门，“入相”门则是演员表演完毕之后下场的门。

戏台坐南朝北，正对面是叶氏宗祠，这与宁波大部分地区的戏台整体布局一样，即戏台的朝向实际上与其他建筑呈现出恰好相反的方位。许家山古戏台整体建筑包括突出的戏台、左右两侧耳房，平面呈凸字形。古戏台最醒目的是屋顶的飞檐翘角，耳房山墙面是本地特色的铜板石砌筑。古戏台藻井（图16-6）比较朴实，不似其他戏台藻井（图16-7）那般惊艳（例如，著名的天一阁秦氏戏台，其藻井便由斗拱花板组成，至穹隆顶处会合，而中间则覆盖有明镜，身临其中，仰视上方便可以感受到奇妙的境界）。

16.3.4 大道地

大道地建筑（图16-8、图16-9）是许家山村四合院民居石屋的代表，也是村里格局保存比较完整的典型代表建筑之一。

大道地建筑坐北朝南，正对面是石板路、石屋及石堰围成的利民池。其内部为木梁柱承重体系。柱子下方有石柱础，用以防止木头发霉。天井处二层有出檐，有廊柱，形成檐廊，天井地面用小卵石铺设，内天井建筑立面采用木板墙与

图16-4　古戏台外观

图16-5　古戏台木构架及装饰细部

图16-6　古戏台藻井

图16-7　天一阁秦氏支祠戏台藻井

图16-8　大道地外观

图16-9　大道地内院

木窗相结合形式。大道地建筑内外立面、屋顶形式及室内布局与浙东传统乡村民居类似，外墙铜板石砌筑是其本地特色。

16.3.5　骡马古道

骡马古道（图16-10、图16-11）是宁海与象山这两个毗邻县间的主要官道。目前宁海许家山路段保存得比较完整。古代商人为了运送盐、茶叶等货物，均会经过这片石路，也会在路边或路周围的村庄之中进行交易，许家山商业街由此形成。骡马古道由大量的铜板石砌筑而成，一边是水渠，是一条有水景的商业街道，可以想象当时的场景，具有很强的生活气息。

16.3.6　仙人井

俗话说，有路必有桥，有桥必有村，有村必有人，有人必有井。许家山的这口井传说是一位仙人为一对好心的母子所挖。开挖以来，从来没有干涸过。许家山村民靠着这口井，洗菜烧饭，把它称为“仙人井”（图16-12、图16-13）。

16.3.7　古石碾

石碾是古时人们碾谷物的工具，是农耕时代的象征。古时，每当秋天的时

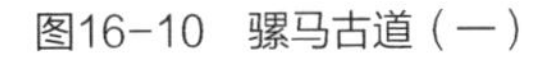

图16-10　骡马古道（一）

图16-11　骡马古道（二）

图16-12　仙人井（一）

图16-13　仙人井（二）

候，城乡各处可见碾谷场景。许家村古石碾（图16-14、图16-15）是清代的遗物，因其保存较为完好且有着一定的历史价值，早在2012年便被宁海县公布为第六批县级保护文物。

图16-14　古石碾

图16-15　古石碾碾磨场景

16.4　近年来美丽乡村建设

许家山村在宁波市内属于建筑整体规模较大、保存较为完好的古村，也是传统乡村古建筑群落的示范区，有独特的人文历史遗址，许家山村所在的宁海县政府（2019年获得了首批“国家全域旅游示范区”荣誉称号）有着全域旅游与文化生态发展理念，该地区充分意识到其旅游资源的特殊性并加以开发，以此带动乡村整体发展。

近年来许家山村基础设施建设主要包括以下几个方面：一是修复了982m长的古道，并在古道上布局了三个可以再现村梯田自然风貌的观景平台；二是完成叶氏宗祠、洪天庙、古戏台、村口石头城墙、村老水口等建筑设施修复工程；三是将村里主要游览线路进行改造，同时设置了景点介绍及道路标识系统；四是增设了两个能容纳100多辆车的停车场，并拓宽了4.2km的盘山公路，设置了道路安全防护设施；五是建设了许家山引水工程；六是设置了八个生态厕所，推进了村卫生基础设施建设。

许家山村先后启动中国历史文化名村和3A级景区的创建工作，并在2010年入选第五批中国历史文化名村，在2015年又被评选为浙江省3A级旅游景区。同时，许家山村还是中国美院画家创作基地和宁波市摄影家创作基地。

16.5 规划、旅游发展进程

根据许家山村的特殊人文资源特征，可以将其大致划分为如下几个类型：石屋古村、地质公园、台地风光、农耕传承。从上面的旅游资源可以看出，该地区具有发展山村休闲旅游区的潜质。目前许家山村将村内的建筑特色资源与宗祠等传统文化资源以及传统农家工艺资源进行整合，通过政府和村民的共同努力，取得了良好的乡村旅游发展进程。目前宁海县国民经济和社会发展第十四个五年规划中也已将许家山列入4A景区创建建设项目，主打乡村休闲文旅。

《宁海许家山历史文化名村保护规划》中指出，其保护定位是以居住功能为主，以山村农居生产生活体验、避暑度假、休闲观光、农事民俗体验为辅。该规划的重点是对传统村落空间肌理关系、传统街巷空间组织特色、传统村落与自然环境的关系进行梳理和整合，形成完整统一、特色鲜明的村落形象。许家山村整体采用三点、双轴、双区的空间保护规划结构。“三点”指的是村落中三个主要的公共活动节点，分别为村头水口节点、村委会广场节点及积善庵节点；“双轴”指的是田园景观轴线（由民户田村至村头水口）与院落轴线（由南侧前道地至北侧二房道地）；“双区”指的是许家山历史文化名村传统格局风貌体现区与农耕田园风光区。

16.6 结论与展望

许家山村经过新农村建设保护与开发，在保持村落原有空间肌理与街巷空间组织关系的同时，整个村落与原有的自然环境仍然完整而协调，究其原因，主要有以下几点：①当地的发展理念具有前瞻性，且在发展的过程中不断贯彻绿水青山就是金山银山的生态观念，实施全域旅游与文化生态发展县域理念；②制定历史文化名村保护规划，严格按照保护规划原则实施美丽乡村开发建设；③当地政府对传统村落的基础设施更新提供有力的政策与资金支持，在满足村民日常生活的同时，兼顾旅游设施建设；④在对古村进行保护建设的同时，有序引进相关旅游业态进行开发，发展特色旅游经济的同时，引导村民恢复用传统农家工艺制作当地土特产进行售卖乃至品牌化打造，为村民增加收入，同时吸引劳动力回流，积聚美丽乡村建设的人气。

许家山村作为浙东沿海海拔较高的山地石屋古村落，历尽700多年风雨，目前按照《宁海许家山历史文化名村保护规划》进行的乡村旅游开发，对我国的传统村落保护规划有着重要的启示意义。

第17章　埭美村

红瓦翘檐　老宅安谧　古厝俨然　环水聚落

——龙海区九龙江南溪之畔的侨乡埭美村

17.1　引言

埭美村所属的龙海区地处福建省沿海东南部，隶属于享有“海滨邹鲁”“水仙花之乡”“第二批中国历史文化名城”美誉的漳州市。龙海位于市区东部，西北南群山环抱，东南临东海和南海；北和芗城区、龙文区、长泰区相接，西与南靖县、平和县毗邻，南与漳浦县接壤，东与厦门市相望。区内所辖的漳州月港，在明代为福建四大商港之一。明代中后期刺桐港的跨国口岸功能逐渐式微，漳州月港兴起，继续拓通“海上丝绸之路”，直到清代“闽人通番，皆自漳州月港出洋”“清学”开山始祖顾炎武在《天下郡国利病书》中如是记述（图17-1）。月

图17-1　漳州府龙海段山海图

港不仅促进了当地经济的繁荣，更是为海洋文化、闽南文化、潮汕文化等多元要素聚合成侨乡文化基因，提供了重要催化作用。

东园镇位于龙海区东南隅，东与浮宫镇，南与白水镇均隔南溪相望；西与东泗乡相连，西北与海澄镇接壤。

埭美村位于东园镇的西部，村域面积为52hm^2。环水型聚落形成了独特的景观风貌“山、水、田、村”，承载了拥江达海与渔樵耕读史迹的多元文化，凝结了侨乡游子浓郁的乡愁。村落遗留了整齐俨然的古厝建筑群，与碧波潋滟的环村水系共同镌刻了静谧安居的悠悠岁月（图17-2）。

图17-2　埭美村20世纪70年代卫星影像及区位

17.2 村落概况

17.2.1 区位交通

埭美村位于九龙江南溪河下游，距沈海高速公路漳州港出口2km。东邻东园村，西畔南溪，南接枫林村，北靠茶斜村。港尾铁路沿西侧高架穿越，聚落四面绕水，拥江达海。村落的5km处即漳州月港，不仅在“海上丝绸之路”和闽南海洋史中具有特殊地位，也是九龙江入海口船只的避风良港。月港与埭美村因南溪入九龙江而水路贯通，因此，也带动了当时古村的海陆商贸易发展。

17.2.2 历史沿革

始建于明景泰五年（1454年）的埭美古村又名柑埭社、埭尾村，是福建漳州龙海区东园镇的一个行政村，总户数867户，总人口3268人。埭美村在清朝早期隶属龙溪县四五都，中期隶属海澄县管辖，清乾隆年间隶属东路部保甲。民国二十九年（1940年），隶属海澄县第一区陂内乡，埭美村分为后柯保和地尾保；民国三十六年（1947年），隶属峨山乡。1949年后，隶属第六行政督察区的埭尾乡所辖；1954年，分为后柯合作社和埭尾合作社，1956年7月，改属城关区；1958年，改属东园乡，并且与过田村、新林村、枫林村合并为新林营；1959年，埭美从新林营拆出，成立地尾大队，隶属海澄县浮宫公社；1960年，改属龙海县浮宫公社；1961年，改属东园公社；1984年，改为龙海县东园乡埭美村；1993年，改为龙海市东园镇埭美村，2021年2月，改为龙海区东园镇埭美村。

17.2.3 自然概况

埭美村整体地势平坦，南溪从村西侧流过。当地属亚热带海洋性季风气候，四季温暖湿润，春夏雨量充沛，常年平均温度为23.6℃。潮汐属半日潮浅海潮，主要自然灾害有台风、洪涝和暴雨。非金属黏土矿为当地主要矿产资源。产业以植水稻和蔬菜等为主，渔业养殖为辅，耕地面积126.54hm^2。

17.3 山·水·田·村空间格局和闽南地域建筑

17.3.1 空间格局和村落形态

埭美古村有着典型的“远山环抱、地势平旷、屋舍俨然、田开阡陌、渔歌唱晚、水网密布”的东篱栖居意象，村落构成了“远山—水道—田野—小桥—房屋—炊烟”相互融合的人居环境，环水聚落形成了“港环社、社枕港”的水乡景观（图17-3）。

环水村落的聚落形态取决于地面河道的流向、形状和宽窄的空间变化，随弯就曲，遇水搭桥，表现出丰富而生动的理水景观意象。在村落营建中，协调人居与自然的环境关系，符合人与自然和谐的朴素思想，聚合空间形态是农耕者内敛性格的反映和审美要求。1970年以前，明清、民国时期的古厝群呈五边形，1970年以后，村落人口增加，因子孙分房需要，新厝群向西南扩展，聚落以环水与陆域为边界，呈大五边形。（图17-4）。

图17-3　山水田村聚落

图17-4　五边形环水村落

1．因地制宜的聚落选址

聚落选址受传统风水文化的影响，位于九龙江支流南溪下游，怀抱于大帽山、鸡笼山、峨山之中，北与鹿山（笔架山）守望；聚落场所河网密织，形成“山环水抱、藏风聚气”的格局，也誉为“闽南周庄”。山环·水绕·田阔·村落的格局乃闽南传统聚落选址的典范。埭美村20多米不等宽的“绕村河”既是聚落范围的界定边线，也是对外防御的护村河。全村仅一处出入通道，且利于防守，保护平安。

2．整齐有序的坐山立向

《青囊·序》中“先天罗经十二支，后天再用干与维”，阐述古代通过天经地纬来确定方位。明清时营建的古厝群为午山子向，守望中原先祖。1970年以后，仿明清风格扩建的新厝群为子山午向。总体布局以一进大厝和两进大厝为基本单元，沿纵横向布置形成有序的网格。根据民居形制、建成年代，可将埭美的民居分为古厝和新厝。古新厝之间，泾渭分明，群体空间纵横有序，呈轴对称排列，多层次进深，前后左右有机衔接，19排建筑群整齐划一，营造出互为坐山向水、负抱阴阳的独特空间布局（图17-5）。

3．纵横交织的街巷空间

四通八达的街巷是古村落的空间骨架，功能结构为街—埕—巷（图17-6），左右相邻建筑之间有1m的间隔，在闽南炎热的夏季能够减少东西晒（热辐射），为子午坐向，与村落夏季主导风向一致，形成冷巷，以缓解湿、热、风的天气；也避免火灾蔓延，构成防火巷。古厝之间，边门对着边门，当边门统一开放时，就形成一行村头到村尾的风雨廊道，也蕴含了闽南人相互守望、宗族和睦相处的人文精神。后祠堂门前宽22m的红砖大埕道古风犹在，始建于明末清初，是古村落最宽阔的贯穿卯酉向老街道，闽南红砖铺地具有吸潮与防滑功能（图17-7）。

图17-5　民居建筑空间布局

图17-6　街埕巷水路

图17-7　红砖大埕主街

17.3.2　地域建筑

埭美古村是“闽南红砖建筑群”的典范，是龙海区现存最大、保存最完整的古民居建筑群，素有“闽南第一村”的美誉。埭美古建筑群有四大特点：悠久历史，从明朝景泰年间至今有560多年的历史；数量众多，传统民居、祠堂、宫庙及码头，总建筑数量有276座，其中明清时期的古民居有49座；地域风貌，民居建筑群展现白墙红瓦、木形（水生木）与火形（火生土）硬山、燕尾屋脊的独特建筑风格（图17-8、图17-9）。

图17-8　明清古码头遗址

1．闽南民居

龙海区多山多河，地理空间被山脉河流分隔成不同的区域尺度，形成了相对独立的小经济区域，闽南传统民居的营造多因地制宜，建筑类型多元，建筑风貌极具地域特色，相似与差异并存。民居采用中轴线对称、院落组合的空间构成；建造材料就近取材、朴实无华；木构承重、砖石土围合体系。

埭美古厝的建筑形制分为：一落三间张大厝（一条龙），左右两侧为厢房，

图17-9　古大厝群沿滨河立面

中间为正厅（图17-10）；一落三间张单伸手大厝（二房一厅一伸脚）、一落五间张单伸手大厝四房一厅一伸脚）；一落三间张双伸手大厝（二房一厅二伸脚）、一落五间张双伸手大厝（四房一厅二伸脚）（图17-11）；一落二榉头（四房二伸脚）乃三合院（爬狮），面阔三间单进三合院，左右两侧为护厝，中间为正厅（图17-12）；两落三间张大厝（四点金）两进面阔三间大厝，中间分为下厅和上厅的厅堂祭祀空间，左右两侧为举头或连廊厨房，中间为大尺度天井，四水归堂（图17-13）。

埭美新厝的建筑形制分为：一落三间张大厝（一条龙）、一落三间张单伸手大厝（二房一厅一伸脚）、一落五间张单伸手大厝（四房一厅一伸脚）、一落三间张双伸手大厝（二房一厅二伸脚）（图17-14）、一落五间张双伸手大厝（四房

图17-10　三间张一条龙古厝

图17-11　三间张二伸脚古大厝

图17-12　三合院爬狮古大厝

图17-13　二落三间张四点金古大厝

一厅二伸脚）（图17-15）。

闽南传统民居的室内可分仪典空间、世俗空间、过渡空间等功能。外部公共空间由埕开始，越向民居内部其空间的私密性越强。

屋顶形式有平坡、红瓦双坡。古厝屋顶基本都是双坡悬山屋面，而新厝以双坡硬山屋顶为多，二伸脚为平坡，偶有卷棚屋顶。屋脊形式有平直（马鞍脊）、燕尾脊、四脊厝顶等形式。古厝屋脊基本为闽南特色的起翘燕尾脊。古厝都是砖木结构，红砖瓦，灰白墙。

闽南地区受海洋文化和中原文化的审美观影响，古厝群呈现色彩鲜明、起翘屋脊的柔美之感。

部分古厝的山墙饰有木雕悬鱼，位于悬山或歇山建筑两端的博风板下，并垂于正脊。配有“壬”等字体，因“壬”作为天干取象为滔滔江海之水，表达了祈水乐民的美好寓意。悬鱼作为一种传递村民美好祝福的吉祥符号，在滨水民居表现得尤为多样。宋代诗人徐积诗曰：“爱士主人新置榻，清身太守旧悬鱼”，也隐喻官吏廉洁。

埭美厝大部分正厅的中梁上挂红锦，书写“科甲联丁、子孙旺盛”，寓意渔樵耕读美好。

2．闽南宗祠和宫庙

祠堂建筑鲜明的传统性、地域性、民族性和精湛的营造技艺，蕴藏着极其丰

图17-14　三间张二伸脚新大厝

图17-15　五间张二伸脚新大厝

富的历史信息和文化内涵。其布局在中轴线上分布大门、享堂与寝室。村里有两座祠堂，相传唐朝开漳圣王陈元光的后裔陈仕进于明景泰五年（1454年）在此开基建业，此后一直是陈姓后人的聚居地。

北边的前祠堂，临镜河，望笔架山。建筑布局为两落三间张，单塌寿，生漆大门，两侧为门当石，槛墙开直棂窗，彩绘枋木，寿梁处雕刻吊桶装饰，二抄丁斗拱承托寮圆，呈出屐起，结合悬山、三川屋脊和剪粘脊堵构成祠堂立面。塌寿侧面开吉门，上书“入孝、出悌”，次间镜面墙开设螭虎窗，墙面用南洋瓷砖装饰，泥塑水车堵，戗檐砖处塑宝葫芦等装饰。祠堂前为大埕，埕前为河。院落中一口古旧老缸，线条简洁流畅，图案寓意丰富，屋内陈设各式古色古香的家具、农具，梁上的漆画贴金，虽然随着时间的推移多有磨损，但从其精妙的构造和装饰，仍可看出当时埭美富贵家族的气息，“有埭美厝无埭美富，有埭美富无埭美厝”。埕前还留有三座石雕旗杆夹，是先祖们获取功名、光耀门庭的象征（图17-16）。

南边的后祠堂名“追远堂”，埭美祖祠，始建于明代，因夏天没有蚊子滋生，有“蜘蛛穴”的美称。后祠堂左边一张竹椅上，摆放着一间木建小庙，里面供奉“观音大士”。“三朝清醮”是“埭美村”最为热闹的一个民俗节日，每当节日来临之际，全村张灯结彩，爆竹连天，每家每户都祭拜“观音大士”。陈氏祖先遗训，后世营造房屋高度不能超越此宗祠。宗祠里的楹联写着，“鹿山献瑞勤读鱼可跃龙门，芝草呈祥乐耕民仍耀祖德”，昭示着人们“耕读为本”的人生观（图17-17）。

图17-16　陈氏前祠堂

图17-17　追远堂

埭美古村万丁河边有一座天后宫，供奉妈祖，始建于明末，重建于清初，是本村主庙（图17-18）。村西的映秀宫、观音大士殿以及村东北的祖师殿等宫庙，供奉着三王公、观音大士、三平祖师、玄天上帝、千里眼、顺风耳等，村落四角还有供奉神兵神将的三尺四方营寨，保佑宗亲安康幸福、香火绵延，祈祷农耕风调雨顺、五谷丰登（图17-19）。

图17-18　供奉妈祖的天后宫

图17-19　三平祖师殿

17.4　代表性的人物、文化、技艺

17.4.1　代表人物

埭美村的开基人之一陈淳，乃南宋理学家朱熹的继承人，提倡人与自然和谐相处的理学思想。埭美村为陈姓聚居地，由“开漳圣王”陈元光的第25世孙陈均惠的第八世后裔开基，此后便立下祖训：房屋建制不逾祖制。后代建房须在规定基地开建，统一大小，统一朝向，统一高度。古村民风淳朴，人才辈出（图17-20）。

17.4.2　非物质文化遗产

埭美村传承了龙海区的国家级非物质文化遗产——芗剧和锦歌。村里节俗丰富且各具特色，至今仍保留抢新娘、春节社火、赛龙舟、游神等十几个活态民俗节，每逢端午佳节当地人喜食传统绿豆粉粿和甘蔗酿酒。

图17-20　前祠堂的举人牌匾

17.4.3　传统营造技艺

民居采用木屋架，竹编墙体抹上纸根灰建造，利于抗震，在地震裂带上的古村落经受住了自然灾害的考验。古厝的屋顶有剪粘和灰塑工艺，有木雕、砖雕、泥塑、石雕，梁拱窗花之上有贴金和苏式彩画等装饰。

17.5　近年来美丽乡村建设

2011年7月，埭美村水上古民居群被列为龙海市级文物保护单位。2012年1月，埭美村被认定为第四批福建省历史文化名镇名村；2014年2月，埭美村入选第六批中国历史文化名村；2014年11月，埭美村被录入第三批中国传统村落名录。2015年，埭美村纳入中央财政支持范围的中国传统村落名单。2015年，《中国历史文化名村龙海市东园镇埭尾（埭美）村保护规划（2014—2030年）》得到福建省政府批复，明确了古村保护的层次和范围。核心保护区范围约10.8hm²，北至头前河，南至港内河，东至万丁河，西至港尾铁路，并规定核心保护区内除必要的市政和公共服务设施外，不得开展新建、扩建活动。建设控制地带范围约23.91hm²，北至村界，东至万丁河以东水系，南至埭美自然村村界，西至头前河分支水系。规定建设控制地带的新建建（构）筑物应当符合《保护规划》确定的建设控制要求，其建筑造型、体量以及建筑色彩等要与所处的环境相协调。环境协调区为建设控制地带之外200～800m范围，总面积约168.25hm²，北至笔架山山脚，西以南溪沿岸为界，东以沈海高速为界。

2021年，在乡村振兴战略背景下，提出“文化+传统村落”的全域旅游规划策略。以建设“3A景区”为目标，打造一批观光、美食、研学、旅居“美丽乡村”系列产品，吸引游客走进古村游景点。

17.6　结论与展望

埭美古村落是一个秩序井然的“闽南世外桃源”，虽历经久远，仍然保持春耕秋收，面土背天，日出而作，日落而息，炊烟时起，生生不息地生活。它是闽南聚落村落选址与山水格局的典型代表之一，仿佛一个集合“人作与天开”之妙的精致盆景，水村相依的村落承载着闽南建筑文化典范的红砖建筑群，对研究闽南地区传统社会经济文化具有很高的史学价值。让我们从喧嚣都市步入那静谧的水乡古村落，去寻觅一份乡愁与悠闲。

参考文献

【1】黄国勤．树立正确生态观统筹山水林田湖草系统治理[J]．中国井冈山干部学院学报，2017，10（6）：128–132．

【2】周宏春，江晓军．习近平生态文明思想的主要来源、组成部分与实践指引[J]．中国人口·资源与环境，2019，29（1）：1–10．

【3】宋英俊．习近平“两座山论”之生态文明思想意蕴[J]．探索，2017，（4）：187–192．

【4】尹慧青．从有限到无限——苏州古典园林的空间意象解析[D]．江苏：江南大学，2009：1–7．

【5】吴伟晶．浅谈中国园林的发展和传承[J]．科学与财富，2015（10）：707．

【6】何爽，吕林忆，陈欣怡．华清宫的历史源流[J]．华人时刊（中旬刊），2013（6）：255–256．

【7】顾晓南．中西园林异同初探[J]．中小企业管理与科技，2016（9）：100–101．

【8】陈梦芸，林广思．基于自然的解决方案：利用自然应对可持续发展挑战的综合途径[J]．中国园林，2019（3）：81–85．

【9】陈梦芸，林广思．基于自然的解决方案：一个容易被误解的新术语[J]．南方建筑，2019（3）：40–44．

【10】史学民，秦明周，李斌，等．基于MSPA和电路理论的郑汴都市区绿色基础设施网络研究[J]．河南大学学报（自然科学版），2018（6）：631–638．

【11】方炫，孙小力．江苏南水北调供水区生态廊道建设政策路径分析[J]．中国水利，2019（10）：36–38．

【12】宋晶莹，孔敬．内蒙古黄河流域生土民居特色与发展问题研究[J]．产业与科技论坛，2019，18（20）：18–19．

【13】赵恩彪．原生态视野下的豫西窑洞传统民居研究[D]．上海：上海交通大学，2010．

【14】谷红文，张风亮，杨焜，等．西北地区黄土窑洞的生存现状和保护策略[J]．工业建筑，2019，49（1）：15–20．

【15】周建明．中国传统村落保护与发展[M]．北京：中国建筑工业出版社，2014．
【16】冯骥才．传统村落保护的两种新方式[J]．决策探索（下半月），2015，（8）：65–66．
【17】傅娟，黄铎．基于GIS空间分析方法的传统村落空间形态研究——以广州增城地区为例[J]．南方建筑，2016，（4）：80–85．
【18】周乾松．新型城镇化过程中加强传统村落保护与发展的思考[J]．长白学刊，2013（5）：144–149．
【19】郑文武，刘沛林．"留住乡愁"的传统村落数字化保护[J]．江西社会科学，2016，36（10）：246–251．
【20】宁波市江北区慈城镇文联．慈城：中国古县城标本（上下册）[M]．宁波：宁波出版社，2007．
【21】吴廷玉．江南第一古县城再发现：宁波慈城文化内涵挖掘及开发研究[M]．成都：四川大学出版社，2010．
【22】钱文华，钱之骁．天赐慈城：解读中国古县城的标本[M]．宁波：宁波出版社，2017．
【23】严再天，段闻生．慈城保护发展中的修与建[J]．建筑，2017，（16）：47–50．
【24】佚名．加快慈城古城保护与开发的几点思考[J]．宁波通讯，2002，（5）：22–23．
【25】党东雨，余广超．"记得住乡愁"理念下的传统村落景观保护与改造研究：以临沂市竹泉村为例[J]．中国城市林业，2015，13（6）：55–59．
【26】党东雨，余广超．传统村落景观规划的研究：以临沂市竹泉村为例[J]．城市发展研究，2016，23（3）：18–20．
【27】于喜凤，于伟．乡村旅游驱动的传统农区就地城镇化研究：基于山东省沂南县竹泉村的实地调研[J]．经济研究导刊，2019（6）：140–141，155．
【28】居吉荣．查济古村人间瑰宝[J]．城乡建设，2017（6）：61–63．
【29】陈口丹，陈志元，林继卿．谈传统村落的保护和发展：以屏南县北墘村为例[J]．山东农业工程学院学报，2020，37（6）：97–98．

【30】李蕊娟．安徽古村查济：藏在深山幽谷中的璞玉[J]．资源与人居环境，2015（12）：54−59．

【31】陈悦．村落文化景观视角下的名村保护规划编制探索[J]．江苏城市规划，2017（8）：33−37．

【32】汪双武．世界文化遗产：宏村・西递[M]．杭州：中国美术学院出版社．2005．

【33】金艺辉．跟我游西递宏村[M]．北京：中国旅游出版社．2007．

【34】陆红旗．桃花源里古村落西递[M]．北京：知识出版社．2001．

【35】吴文智．旅游地的保护和开发研究：安徽古村落（宏村、西递）实证分析[J]．旅游学刊，2002（6）：49−53．

【36】彭松．从建筑到村落形态[D]．南京：东南大学，2004．

【37】卢松，陆林，凌善金．世界文化遗产西递宏村旅游资源开发的初步研究[J]．安徽师范大学学报（自然科学版），2003（3）：273−277．

【38】董英俊．世界文化遗产地西递村的可持续旅游研究[J]．小城镇建设，2019，37（8）．

【39】吴文姝．壁画在传扬海南非物质文化遗产中的应用研究[J]．文化创新比较研究．2021，5（6）：141−146．

【40】张萍，杨申茂，杜璞．论传统村落与历史建筑的保护利用[J]．建筑经济，2021，42（5）：159−160．

【41】陈水映，梁学成，余东丰，等．传统村落向旅游特色小镇转型的驱动因素研究：以陕西袁家村为例[J]．旅游学刊，2020，35（7）：73−85．

【42】吴必虎．基于乡村旅游的传统村落保护与活化[J]．社会科学家，2016（2）：7−9．

【43】张国雄，梅伟强．开平碉楼与田野调查[M]．北京：中国华侨出版社，2006．

【44】付正超，张超．台山近代学校建筑形态分析[J]．五邑大学学报（社会科学版），2019，21（4）：45−50．

【45】张国雄．试析开平碉楼与村落的真实性与完整性[J]．五邑大学学报（社会科学版），2008，10（4）：5−10．

【46】莫晓波．从华侨村落到文化遗产：开平市庆临里的历史与空间[D]．北京：中央民

族大学，2010.

【47】杨冬蕲. 邢台县志[M]. 石家庄：河北人民出版社，2012.

【48】吕君丽. 名门望族与传统村落文化：以巢湖洪氏家族与洪家疃古村落为例[J]. 黄山学院学报，2021，23（4）：101−106.

【49】高治中，郝墨荣. 板桥“转黄河”[J]. 当代人，2011（5）：27−29.

【50】刘永黎，沈中伟. 乡土文化视野下成都平原传统场镇的空间意象探析[J]. 西部人居环境学刊，2016（4）：107−111.

【51】王雪，陈波. 浅谈洛带古镇的旅游发展现状与发展潜力[J]. 中外企业家，2013（12）：45−47.

【52】胡开全. 校雠名家洛带乡贤：历史语言学家王叔岷先生事略[J]. 成都大学学报，2012（6）：40−43.

【53】蔡燕歆. 洛带古镇的客家会馆建筑[J]. 同济大学学报，2008（1）：49−53.

【54】陈东生，钟晓玲，甘应进. 客家服饰的文化诠释：兼谈客家土楼[J]. 山东纺织经济，2012（8）：91−94.

【55】王勇. 浅谈字库文化的兴衰[J]. 文物鉴定与鉴赏，2018（13）：80−81.

【56】胡敏丽. 四川洛带古镇旅游产品质量提升研究：基于游客体验的视角[D]. 成都：西南财经大学，2007.

【57】贺超. 客家文化与现代文明[J]. 西昌学院学报，2007（3）：145−148.

【58】刘婷婷. 论成都休闲型旅游的文化内涵[D]. 成都：成都理工大学，2007.

【59】周小龙. 乡土性视角下的青岛市崂山区青山村乡村旅游开发研究[D]. 青岛：青岛大学，2020.

【60】朱文景. 乡村旅游导向下崂山东麓村落公共空间更新研究[D]. 济南：山东建筑大学，2018.

【61】王一如. 青山渔村，山海间的世外桃源[J]. 走向世界，2018,（50）：92−95.

【62】乐馨雪. 青山村：景村融合型传统村落公共空间更新策略研究[D]. 西安：西安建筑科技大学，2021.

【63】戴国斌．崂山道教与太清宫[J]．中国道教，1988，(1)：23-24．

【64】曹伟．传统村落[M]．北京：中国建材工业出版社，2021．

【65】李西香．旱池：乡村社会的标志性文化与乡村秩序构建：以鲁中地区三德范村为个案[J]．民族艺术，2019(5)：72-80．

【66】李婧，张皓，祝艳丽，等．文化引领下的传统村落振兴路径研究：以济南市章丘区三德范村的探索为例[J]．小城镇建设，2020，38(10)：39-46．

【67】李解，王晓峰．一个千年古村的记忆[J]．走向世界，2014(19)：31-33．

【68】周振辉．乡村振兴背景下传统村落展示设计研究：以三德范村为例[J]．艺术品鉴，2020(12)：125-126．

【69】荆惠娟，冯丹，商宏霞．山东章丘三德范古村落改造浅析[J]．工业设计，2016(3)：154-156．

【70】纪文强，陈娇阳，李亚飞．章丘市三德范古村落开发改造探析[J]．居业，2016(7)：47-48．

【71】张敏，方怀龙，龙章雄．西藏林芝地区生态旅游产品开发[J]．西藏科技，2004，(12)：14-19．

【72】刘托．自然与人伦的建筑表现——谈徽派传统民居的设计思想[J]．艺术评论，2010，(5)：49-57．

【73】杨积清．章丘县志[M]．济南：济南出版社，1992．

【74】王玉靖．浙东宁波地区传统聚落与民居特色探析[J]．平顶山工学院学报，2007(3)：1-5．

【75】梁伟，范励．浙东古建筑装饰风格的历史文化解读[J]．浙江建筑，2015(11)：1-4．

【76】郑慧铭．闽南传统民居建筑装饰及文化表达[D]．北京：中央美术学院．2016．

【77】伍敏学．宁海县许家山乡村旅游开发策略研究[D]．杭州：浙江农林大学．2017．

【78】黄定福．秦氏支祠戏台——宁波戏台之魁[J]．浙江园林，2019(2)：92-96．

【79】(清)沈镐．地学歌诀集成[M]．呼和浩特：内蒙古人民出版社，2010：12．

【80】刘梦晓，陆引．“文化+”背景下传统村落旅游规划策略研究——以龙海市东园镇埭

美古村落为例[J]．中外建筑，2019（10）：92−95．

【81】曹春平．闽南传统建筑[M]．厦门：厦门大学出版社，2016．

【82】张杰，庞骏．闽南民居建筑空间解析[M]．南京：东南大学出版社，2019．

【83】吴应其．人类学视角的濒危文化遗产旅游利用探讨——以福建省龙海市埭美古村为例[J]．南方文物，2017（2）：266−27．

后记

感谢中国建筑工业出版社领导及曹丹丹编辑的鼎力支持！特别感谢《中外建筑》杂志社领导近四年来为本专题研究率先提供了“传统村落”与“建筑会客厅”两个栏目平台，书中实践篇典型村落的基本素材经杂志社允许修订后收入本书。

成书之余还要感谢实地调研过程中，菏泽学院周铭博士、刘杰教授、张玉敏老师、刘玉芝老师的配合，以及广州大学李仁杰、山东建筑大学唐艺文、昆明理工大学尹蕾、山东建筑大学连冠一的参与，特别感谢从参与栏目撰写到付梓出版的各位学者及学子，李桐、李蕾、连冠一三位研究生为本书出版所做的编排、校对及润色付出了辛苦劳动，感谢徐琼老师对本书出版过程中提出的建设性意见。特致谢忱！